感悟菜根谭系列

雨餘山色

廖晓明／著

江西人民出版社
Jiangxi People's Publishing House
全国百佳出版社

自序：
雨余山色　静夜钟声

《菜根谭》是一部融通儒道佛三家智慧的清言集。“其间有持身语，有涉世语，有隐逸语，有显达语，有迁善语，有介节语，有仁语，有义语，有禅语，有趣语，有学道语，有见道语”（三山病夫序）。但在我读来，所有内容的指向，无非就是“安顿”两个字。人生的安顿，无非是两方面：身的安顿和心的安顿。《菜根谭》中大量为人处世的内容，比如经营天下、建功立业、砥砺人品、悲天悯人、扬善弃恶、通权达变、进退有致、中道圆融等等，我们可目之为“身的安顿”。身欲求安顿，必然要向外在的这个“世”中求。用时下用语来说，就是要求得“人与社会的和谐”。这部分的内容，我在《绝味菜根谭》一书中做了解读和阐扬。《菜根谭》中还有相当一部分内容是谈制欲、静心、闲逸、放达、悟禅、证道的，我们可以目之为“心的安顿”。心欲求安顿，当然不能向外求，而是要向内求。用时下用语来说，就是要求得“人与内心的和谐”。《雨余山色：洗心涤尘菜根谭》要倾情阐发的，就是“心的安顿”，也就是：

求得人与内心的和谐。

生命的安顿，一是要身安顿，一是要心安顿。身无所安，心于何处安。但究竟透彻的安顿，还是要通过心的安顿来抵达。作者经营本书的目的，就是要通过解读、体悟《菜根谭》中这些温润的句子，接通传统文化智慧气场，把正在红尘中载沉载浮的你我，引渡一个清幽雅洁、清凉松爽、清简自在、清净安详的心灵境界，获得一番别样的生命感受。

书名“雨余山色”，来自于“雨余观山色，景象便觉清妍；静夜听钟声，音响尤为清越”这条菜根。雨余山色，指向“净”；静夜钟声，指向“静”。雨后的山色，是多么的温润，干净；静夜的钟声，是如此清越，安详，恰如千帆过尽、喧嚣隐退、妄念顿息之后的我们的清明的内心。希望这本书中一条条菜根，能够帮助我们洗心涤尘，于当下体悟生命的本真，回归一个清净、充盈、安详的真我。

《菜根谭》将儒家的进取之道、道家的无为之道和佛禅的超越之道融为一炉，以参透人生的慧眼，总结出一套“以出世精神入世，以入世精神出世”为核心的人生价值体系，那就是：积极进取的人生追求，圆融中和的处世之道，随缘自适的生命状态，淡泊宁静的精神境界。这对当今时代浮躁的人们来说，无异于一副“清凉散”，具有可贵的现实意义。

是为序。

目录

第一卷：水远山长

第二卷：人淡如菊

第三卷：云光舒卷

第一卷

水远山长

1 把日子过得山长水阔，风月无边

原文

岁月本长，而忙者自促；天地本宽，而鄙者自隘；风花雪月本闲，而劳攘者自冗。

译解

岁月本来漫长，而忙忙碌碌的人却把人生过得匆迫短促；天地本来宽广，而心地狭隘的人却为自己设置一个牢笼；风花雪月本来令人愉悦，而忧虑焦劳的人却让自己陷入烦冗世务之中。

感悟

人生百年。当然，一般人活不到百年。在以前，能活到四五十岁就算不错了，六十岁就算善终。周作人在《中年》一文中写到，他的老家乡间以三十六岁为本寿，这时候死了，不算寿考，但也不能算夭折。确实，“寄蜉蝣于天地，渺沧海之一粟”，人生百年，的确不算长，但假如人生能活到百年，百年三万六千日，也不能算短促。当然，长与短，要看个人的感受。好日子，会觉得日子过得很快；苦日子，会觉得日子过得很慢。闲的时候，会觉得日子很长；忙碌的时候，日子不知不觉就过去了。

世上大多数人，都是忙人。古诗云："生年不满百，常怀千岁忧。"你我芸芸众生，总是在奔忙竞逐之中，古往今来，似乎成了集体无意识。相传乾隆下江南途经金山寺，与金山寺主持谈论佛法。两人来到江边，看着往来的船只，乾隆问："你每天都在这里，知道每天有多少船只过往？"主持回答："这江中只有两条船，一条为名，一条为利。"老和尚一语道破众生相。想人生，从懵懵懂懂开始就忙乎起来了，为生计发展，为声色货利，为恩怨情仇，为出人头地，为江山社稷。大家有目标急忙，没目标瞎忙，舟来筏往，熙熙攘攘，步履匆匆，跌跌撞撞。看看春运期间的车站、机场，那汹涌的人潮，那喧嚣的人声，那熏天的人味，真是令人心驰目眩，叹为观止。果然是：举世皆从忙里老，谁人肯向死前休。

我们活在奔竞追逐中，春夏秋冬四季轮回，我们没有感知；亲情友爱风花雪月，我们没有感知；青春日益鲜活灿烂，我们没有感知；生命一天天老去，我们没有感知。佛偈云："人人尽怀刀斧意，不见山花映水红。"我们念兹在兹，患得患失，费尽心思，绞尽脑汁，用尽权谋，耍尽手段。我们看起来头面光鲜，人五人六，但我们神经衰弱，内心水滚汤沸，五欲熬煎。我们生活在这个活色生香的世界，但我们的感官退化了，我们的心灵门户关闭了，原来姹紫嫣红开遍，似这般都付与断井颓垣。我们套牢在名利的战车上，滚滚前行，不倦不休，一任岁月匆匆，转眼就是白头。本来，岁月好歹有三万六千日，本可以好好地去抚摸，去把握，去细细品咂苦乐酸甜的滋味。我们本可以把日子过得山长水阔，风月无边，但是，我们自己抛弃了自己美丽的时光，当真是："一场闲富贵，狠狠赚来，虽得亦是失；百年好光阴，虽寿亦是夭"。活了一百年，其实等于没有活。当然，我们不是反对勤奋与努力，否则，两个文明建设如何取得新突破。我们的看法是，人要奋勇拼搏，更要劳逸结合；人要追求物质，更要培育精神；人要满足感官，更要感悟诗意；人要追求目标，更要活在当下；人要实现结果，更要享受过程。

佛家说一念三千，境由心造，又说须弥含芥子，芥子纳须弥。通俗一点，就是说须弥山大到无穷大，但也可以纳入小到无穷小的芥子中。芥子须弥，互相涵容，重重无尽，构成不可思议的无穷世界。雨果说："比陆地宽广的是海洋，比海洋宽广的是天空，比天空还要宽广的是人的心灵。"所以说，心灵这个东西，小可以小到无穷小，大可以达到无穷大，完全由自己的心念所系。心胸有多宽阔，天地就有多宽阔；心胸多狭隘，世界就有多狭隘，完全看自己的气度和修为。心胸宽阔者，海涵地负，可成就大事业，得到大福报；心胸狭隘者，九曲回肠，锱铢必较，必然自铸愁城，怨愤自怜。

2 心若自在，月到风来

原文

得趣不在多，盆池拳石间，烟霞俱足；会景不在远，蓬窗竹屋下，风月自赊。

译解

要领略山野真趣，不在于景致的多少。一方小小的池塘，几块温润的石头，便浓缩了万里山川的云烟之致；要体会景色妙处，不必到远方去寻求。一片幽静的竹林，几间简陋的茅屋，便贮满了明月清风的千种风情。

感悟

俗语云："一滴水见太阳。"禅语云："一花一世界，一叶一如来。无限融于有限，分殊蕴含普遍。"禅语又云："千江有水千江月。"高悬于九天之上的那轮明月，其实在娑婆大地的每一条江河溪流上都能得到映现；书画艺术上有"尺幅千里"之说，一方不过尺寸的画幅，高明的画家却能绘出江山万里阔大雄浑的气势；从园林盆栽艺术上来说，浴盆大的水池，拳头大的石头，也能营造出五湖烟景、山川奇秀。有道是：会得个中趣，五湖之烟景尽入寸里。月映万川，具体而微，以小见大，以一寓多，以无限入有限，这是中国文化长期以来形成的哲学意蕴和审美旨趣。

而中国的文人，特别是中国南方的士子文人，在烟雨氤氲山温水软的熏陶下，在鱼肥蟹美醇酒妇人的享受中，在诗酒雅集箫声笛韵的浸泡中，似乎很少有北方游牧民族铁骑关山纵横万里的豪壮之气，而是特别倾心于细腻的感受，精致的品位，舒适的情调，似乎连步履天下丈量山川的精气神都没了。他们特别喜欢造园子，所以江南到处都是园子，什么蠡园、拙政园、寄畅园等，形成精致的园林文化。这些园林的特点就是山川胜景和江湖烟波熔铸在一个小小的天地之中，人们龟缩在这个小小的天地当中，吟风弄月，征歌逐舞，莳花艺竹，怡情养性。张潮《幽梦影》有云："艺花可以邀蝶，垒石可以邀云，栽松可以邀风，贮水可以邀萍，筑台可以邀月，种蕉可以邀雨，植柳可以邀蝉。"这就是江南文人骨子里的情调。精致细腻的文化，体现了江南文人的灵性和慧根，同时也体现了江南文人的颓废和慵懒。既然没有突厥、匈奴、鲜卑、契丹、蒙古、满洲人把江山置于铁蹄之下的雄心壮志，那么就把山河大地一担装吧，装入这一方

小小的园林中，搂抱天下，意淫山川。

人们在物欲的风潮中，孜孜不倦地把物质和经济塞入身心，似乎将祖宗心灵中的那一点哲学基因和审美情趣给完全挤掉了。各大景区，目的似乎就是占山为王过路收钱；喧喧嚷嚷的游客们，扶老携幼，挈妇将雏，挎着一个大相机，好像就是去完成一项采购任务。觉得自己不到此一游，就好像少占有了一样东西，觉得不把这些风景拍下来，就像吃了大亏。在物化的时代，人们用占有一项物事、追逐一款时尚、完成一项消费、哄抢一项商品的心态来对待山川胜景，确实令人感慨万分。人们唯一的收获就是：别人问起你玩过某地吗，玩过玩过都玩过！别人问起你吃过某物吗，吃过吃过都吃过！笔者曾经去过一次苏州园林，几大园林里，熙熙攘攘，游客如云，人们宛如赶集赴墟一样，在里面手忙脚乱咔咔嚓嚓，东张西望叽叽喳喳。真是辜负了古人的锦绣心灵，工匠们的精心巧构。诗意的对象要有诗意的主体去相融相即相怜相惜，才见烟光雨色，风情月致。

苏东坡《前赤壁赋》云：“且夫天地之间，物各有主，苟非吾之所有，虽一毫而莫取。惟江上之清风，与山间之明月，耳得之而为声，目遇之而成色，取之无禁，用之不竭，是造物者之无尽藏也。”人们总认为，月亮是外国的圆。人们去散心，寻找心灵的宁静，去洗涤内心，总是要去西藏、去丽江、去九寨沟，甚至去巴黎、维也纳。其实，人间闲风月无处不在，只是要看你有没有感受风月的情怀。你要是心中堆满了世俗的杂事，积满了物欲的尘垢，那就看山不是山，看水不是水。有道是：拨开世间尘氛，眼前自有月到风来。只要心自在无碍，心机活泼，几株垂柳，几杆疏竹，几弯山溪，几间草屋，一样地邀纳明月清风，涤我尘垢，怡我情怀，豁我心胸。

3 于当下诗意地栖居

原文

心无物欲，即是秋空霁海；坐有琴书，便成石室丹丘。

译解

一个人心中若无物欲填塞，气质风神便如秋日长空般空明澄澈，雨后初晴的大海般宁静阔远。一个人平时若有琴书陪伴，所居之处便如山林仙境般明净幽雅，日子如世外仙人般逍遥自在。

感悟

心中只有物欲的人，形形色色，不一而足。有的低声下气，谄媚以求；有的机关算尽，巧取豪夺；有的求而不得，怨毒愤恨；有的骤得暴富，亢奋躁狂，有的唯恐失财，疑神疑鬼；有的机关算尽，如临末日；有的声色犬马，无聊空虚；有的披金戴钻，招摇过市;有的吝啬鄙陋，神憎鬼厌。总而言之一句话，心中充满物欲的人，予取予求，患得患失，贪嗔痴慢疑五毒纠结，内心永远不得安宁。从身心一体的角度来说，他们会由此产生太多的负面情绪，从而影响气质修养，身心健康。他们也许难以体会到，人生的幸福在于获得基本物质保障后，能够保持心灵的清净、心态的祥和、心理的平衡、心地的善良、心胸的开阔。他们也许不愿承认，满足自身基本需求的物质财富，才与自身密切相关甚至生死相关，而多出来的，即便是黄金万两，广厦万间，也与自己没有多大关系。因为，人身不过三尺躯，人生也就几十年，身外之物，生不带来死不带去。

当然，不能说人穷就是没有物欲，人富就一定是物欲之徒。君子爱财，取之有道，同时又能用所取之财服务社会，回报社会，就不是只有物欲的人。这类人大气开阔，有济人利物之心。心中只有物欲的人，谋来算去只为财，言来语去只为财，舟来筏去只为财，只进不出，只吞不吐，只取不予。这类人多半自私、精明、狭隘、吝啬、势利、虚伪。这类人，如果坐在你的身边，你恐怕会觉得铜臭熏人，浊气喷人，断断不会有春雨潇然、秋风爽然的感觉。

置身于一个以物质追求为时尚的社会，在我们不断被物质填充、被物欲缠裹的内心，如果能够划出一点地盘，让内在的灵性有一个喘息的空间；如果能够打开一个天窗，让我们有一个向内探求本心的通道，我们就不至于被物欲全然窒息灵性，遮蔽本心。人生，必须要有一些形而上的精神追求，来充实日渐空虚的自我；必须要培育一些审美的灵性，来激活日渐窒息的心灵。要知道，物欲的满足，感官的刺激，是人生的低级阶段，我们不能沉溺于这个阶段而不能自拔。人生的高境界，应该在于审美的愉悦，精神的充盈，心灵的安顿，恰如丰子恺总结的人生三层楼：第一层楼是物质生活，第二层楼是精神生活，第三层楼是灵魂生活。我们活在这个世上，必须谋稻粱，求衣食，不能没有一点物欲。在人的基本生存条件没有得到保障的情况下，物欲还是比较重要的。但更重要的是，人生的存在是身与心、物质与精神、形而下与形而上的二元存在，形而下是载体，形而上才是深度和高度。所以，我们要在这个形而下的世界里，有些形而上的追求，这样我们才能超脱物欲的羁绊，养成秋日长空般空明澄澈、雨后大海般宁静阔远的气质风神。坐对真成被花恼，出门一笑大江横。这样的人生，才会变得纯净而又祥和，丰盈而又阔大。

古代文人以琴书而自命高雅，我们可视之为一种审美的生活态度。室雅何须大，花香不在多。室雅在于人雅，人雅在于有审美情趣，精神追求。琴与书，与其说是两种物品，不如说这是雅人探求心灵深度、提升精神高度、拓展生命宽度的途径和方式。抚琴以寄意高远、深邃、娴雅，读书以思接千载、视通万里，琴与书承载着一个深沉幽远、博大丰富的心灵。人生于琴书之中，收获诗意、禅意，通晓宇宙人生至理，何其快哉。以琴书适情惬意，当下即是逍遥之境，而不必到远方去寻求山林幽境。当然，我们并不完全认同“躲进小楼成一统，管他春夏与秋冬”的存在方式。明清文人的清言，要表达一种倾向和态度，往往取其一端，不顾其余。一般来说，理想的人生是动静相兼的人生，是内外相兼的人生，人要弹有弦琴，读有字书，也要弹宇宙虚空这架无弦琴，读山河大地这部无字书。但在一个普遍倾向于向外驰求的社会，反观内在，向内营造一个丰富的心灵世界，于当下营造一种诗意的人生，是有必要提倡的。

4 原来姹紫嫣红开遍，似这般都付与断井颓垣

原文

延促由于一念，宽窄系之寸心。故机闲者，一日遥于千古；意广者，斗室宽若两间。

译解

时间的长短在于个人的心念，空间的宽窄在于个人的感觉。所以，懂得忙里偷闲的人，一日的光阴可能感觉比千年还久长；心胸比较开阔的人，狭窄的斗室也觉得像天地一般宽广。

感悟

这个世界的人们都在奔忙着，步履匆匆，心事重重，做不完的事，赚不完的钱，做不到头的官。身体在忙忙碌碌，大脑在高速运转，无休无止，何年是彻。匆匆的人们总觉得时光匆匆，觉得还没有明白人生是怎么回事，觉得自己还没来得及品味人生，就已经老了。童年无知，少年逆反，青春仓促，中年负累。有一条菜根说得好："百年好光阴，忙忙度过，虽寿亦是夭；

一场闲富贵，狠狠赚来，虽得亦是失”。说的就是：你天天忙碌度过，身忙心累，那你活一百岁也与夭折差不多；你赚取了大富大贵，但失去了对美好人生的感受，那你纵有金山银山，也填补不了人生的虚无幻灭、寂寞孤独。更何况，人死后这些东西绝对不会随你而去。所以说，你看起来得到了，实际上你什么也没得到。

聪明智慧的古代人告诉我们，人生不能太闲，太闲则别念窃生；人生不能太忙，太忙则真性不显。人在世上活，总有那么多事要去动手，要去操心。但是我们静下心来仔细思量，我们真的有那么忙吗？我们真的忙得抽不出一点点余暇来听听风雨、看看花草，到郊原去踏踏青，与孩子们谈谈心，读几本书，听几曲音乐，做几个手艺不一定那么地道的小菜，探视几个平时还谈得来但总觉得没有时间联系的亲朋故旧？不是的，我们忙的其实是心。是我们的心，充满了对功利的追求，充满了对目标的渴望，充满了对未来的焦虑，充满了对事情顺遂与否的患得患失。心决定行。心忙，于是身就忙，忙也忙，不忙瞎忙，忙成了焦虑症强迫症。匆匆，匆匆，一生就这样完了。

我们处在一个经济高速发展的时代，我们很容易在滔滔的物欲沉浮中迷失自我，迷失自己真正需要的东西，迷失真正美好的光阴和生命。也许，身处于国家

社会这部高速运作的大机器中，作为某个齿轮，我们身不由己，无法让自己消停下来，没有忙里偷闲的身，但我们一定有一颗可以忙里偷闲的心。只要我们的心能够放下来、静下来、停下来，我们总有一些余暇可以去感受、去体悟生活的点点滴滴，去从容地感受云淡风轻二月天，去细腻地感受荼蘼外烟丝醉软，而不是让姹紫嫣红开遍，似这般都付与断井颓垣。如果我们有幸能够自主，则更应思考生命的真谛，在追求外物的时候，多多关注生命本身，多多关注生活本味，多多关注心灵本真。这样我们才会感觉到，每一日的生命都是那么美好，每一日的光阴都是那么悠长，每一日的心灵都是那么丰盈。所以，生命的长短在于一念。一念能否放下，放下则心安，心安就是千年。

心宽则屋广。一个人想要安心，还必须有比较开阔的心胸。心胸狭窄，必然争强好胜，争长较短，疑神疑鬼，觉得到处都是敌人，到处都是冷眼，到处都是陷阱，到处都是不平。如此则人际的空间越来越逼仄，生命的空间越来越逼仄，心灵的空间越来越逼仄，或许事业的空间也越来越逼仄。这样，人就是住在玉皇大帝的皇宫里，住在几百上千平方的别墅里，也会感到喘不过气来，更不会有适意舒坦的感觉。古往今来不少智者告诉我们，人生的幸福快乐，不在于财产是多么丰富；人生的适意舒坦，不在于住所有多么豪阔。而在于心，在于有一颗自在从容、随缘任运的心。

5 无边心量，可尽取造物之无尽藏

原文

会得个中趣味，五湖之烟月尽入寸里；破得眼前机，千古之英雄尽归掌握。

译解

天地之间的风物，只要领悟了其中的趣味，山川江湖的无穷美妙，我们心中都可容纳；人世之间的迷局，只要勘破了其中的奥妙，古往今来的英雄大业，我们手中都能创建。

感悟

英雄出自草莽，你不识得，自然失之交臂；山川都是胜景，你无法眼，自然都是过眼云烟。记得我在某公司工作期间，与书记一起带队去桂林漓江休养。穿行在美丽的山水之间，我们的书记并无兴味，一上船便咋咋呼呼邀人打“拖拉机”，他是书记，别人不好不陪。两个小时，书记乐在其中，头几乎都没有抬起，简直就成为漓江山水奇景中的一道奇景。大老远跑到漓江来干什么？也许，他悟到了“闲适”的真趣吧：只要开心，就值。

人的心量很广大。佛经云：“须弥纳芥子，芥子含须弥。”须弥山高四万八千由旬，是玉皇大帝住的地方。芥子，是小小的草粒子。小而又小的草粒子，能容纳大而又大的须弥山。《坛经》云：“心量广大，犹如虚空。”又云：“世界虚空，能含万物色相，日月星宿，山河大地，泉源溪涧，草木丛林，恶人善人，恶法善法，天堂地狱，一切大海，须弥诸山，总在空中。世人性空，亦复如是。”也就是说，人心若到了“性空”的境界，也就能涵容万有，当真是五湖烟月，尽入寸里。

人心中能容纳多少山水，就要看山水能不能入你心门，山水入你心门的前提，就是你的心能投入山水，能与山水相知相亲，能与山水悠然相得。最好是能够与山水心境合一，融为一体。山水有情致有生命，关键是你能否领略个中情味。“采菊东篱下，悠然见南山”，是陶渊明心中闲适的山水，他把山水当成自己的知音；“春山澹冶而如笑，夏山苍翠而如滴，秋山明净而如妆，冬山惨淡而如睡”，是郭熙心中人格化了的山水，他或许把山水当成淡妆浓抹总相宜的美女；“寒波澹澹起，白鸟悠悠下”，是元好问心中悠闲的山水，他希望自己化作寒波、白鸟，融入悠闲之境。云在青天，是辽远；江山万里，是壮阔；奇峰插云，是峻伟；水岸沙汀，是明净；江畔花草，是明艳；月映沧波，是幽静。总之，宇宙天地有大美，一花一叶有精神。江上清风，空中明月，耳得之而为声，目遇之而成色，是造物之无尽藏。只要你懂，则无边之心量，可尽取造物之无尽藏。

能接纳山水，你必须是一个心有灵性、心有诗意的人。有灵性的人，以我观物，我之灵性赋予物之灵性，物之灵性又反过来迎合我之灵性。有灵性的人，内心活泼，无执无缚，开合自如，山来山迎，水来水应。有诗意的人，心里贮有各种美，或崇高，或壮阔，或幽深，或秀丽。内在美的诗意和外在美的表象一旦相遇，便有知音之感，亲切之情。而那些狭隘自闭的人、浑浊多欲的人、缺少审美修养的人、

終日
尋春
不見春
芒鞋踏破
嶺頭雲
歸來偶把
梅花嗅
春在枝頭
已十分

刻板偏执的人，即便是姹紫嫣红开遍，秀美山川奔来眼底，心中也没有多少感觉。我们说，这就是无趣的人。境由心造，无趣的人，眼中哪有有趣的山川；狭隘的人，心中怎能容纳五湖烟月。

按照禅宗的说法，自性一切具足圆满，人心中的自性，也是尽虚空遍法界的自性。我之自性，江湖山川一花一叶的自性，是自他不二的关系。禅悟的人会产生自他泯灭、主客合体的神秘精神体验。差别消失了，藩篱不见了，自他没有了，我就是你，你就是我，恰如银碗盛雪，明月藏鹭，梅雪交映，融合无迹。想一想，人与客体都融为一体了，心与万象一体，人之心胸，何其广袤无边。

人之于世，囿于学识，囿于经验，囿于眼界，囿于心智，往往对世事时局看不甚清，摸不甚透。特别是在乱世之秋，天下乱哄哄，无数反王纷纷亮相，你方下场我登场，世事理难清，时局摸不透。如果你能透过现象识本质，理清乱麻明规律，形成治世的方略，那你基本上就是半个英雄了，至于能不能成为英雄，就要看你的时也运也。诸葛亮躬耕于南亩之中，居然能够洞察天下大势，这就是半个英雄了。风云际会，皇叔刘备先生愿意顾他的茅庐，请他出山辅政，于是他也就成了英雄。“诸葛大名垂宇宙，宗臣遗像肃清高。”左宗棠胸襟、学识、能力都是一等一，时运也是比较好，所以他能以举人出身，幕僚身份，最终做到巡抚、总督之类的封疆大吏，从虎口夺回伊犁，从半个英雄成为全挂子英雄。而比他早几十年的龚自珍先生，身负不世之才，敏锐地观察到了清朝的危局，精研东南西北之学，写了不少在后人看来非常有见地的折子，建议皇帝经略西北，巩固东南。但皇帝懒得理他，名公巨卿也懒得理他，所以有英雄识见和潜质的龚自珍，只能恨恨不已地去做了一个佯狂怪癖的名士，把所有的绝世才情都交付给了佛经和美人。

6 何夜无月，何处无竹柏，但少闲人如吾两人者耳

原文

帘栊高敞，看青山绿水吞吐云烟，识乾坤之自在；竹树扶疏，任乳燕鸣鸠送迎时序，知物我之两忘。

林间松韵，石上泉声，静里听来，识天地自然鸣佩；草际烟光，水心云影，闲中观去，见乾坤最上文章。

译解

窗帘高卷，看青山绿水，吞吐云烟，由此可感知天地乾坤的自在通脱；茂林修竹，任乳燕鸣鸠，迎送春秋，由此可体悟物我合一的浑然境界。

林间松涛阵阵，石上泉水淙淙，静里细细听来，可感受天地造化最优美的乐章；草野烟霞迷离，水中云影倒映，闲中悠悠观赏，可领略天地造化最美妙的画卷。

感悟

这类清新优美、珠圆玉润般的菜根，嚼之令人齿颊生香，

悠然而生向往之心。在几个版本的《菜根谭》中，这类句子还有不少。比如："昼闲人寂，听数声鸟语悠扬，不觉耳根尽彻；夜静天高，看一片云光舒卷，顿令眼界俱空。"再比如："天地景物，如山间之空翠，水上之涟漪，潭中之云影，草际之烟光，月下之花容，风中之柳态，若有若无，半真半幻，最足以悦人心目而豁人性灵。真天地间一妙境也。"

人们在生活中，似乎总是过得太现实了。要不就是汲汲于生活的柴米油盐，要不就是孜孜于人生的宏大课题，要不就是纠结于生命的烦恼痛苦，总是须臾不肯将息。人们总说，活着真是没有意思，无聊，真是无聊。其实举头触目之间，天地妙境、生活美好、诗情禅意比比皆是，只是人们缺了一双慧眼，少了一份闲情而已。正如苏东坡在小品中所说的那样："庭下如积水空明，水中藻荇交横，盖竹柏影也。何夜无月，何处无竹柏，但少闲人如吾两人者耳。"

人沦陷于俗世当中，顺逆穷通，爱恨情仇，是非祸福等，总是磕磕绊绊，让人患得患失，不得自在。其实古人告诉我们，天地乾坤之心，就是人心。万物无不各畅其生，各尽其性，所以天地万物是生生不息、活泼自在的，无一毫滞碍。而人心通达天心，一团生意，一份自在，才是人心本然。写这些优美景致、诗意感悟的人，都是古代的文人、隐士。读书就是为了做官，他们几乎都在功名场中打拼过、沉浮过。当他们心中只有功名、欲望、算计的时候，他们内在的灵性就会被捆得密不透风，结果就是感觉器官麻木不灵，六根与外境相接，没什么审美、哲思、禅意，麻木得很。而当他们跳出了俗世风波，挣脱了功名羁绊，放下了是非得失的时候，他们紧绷的内心，一下子便松开了，重新又变得活泼自在。肉眼放开的时候，心眼也放开了。

所以，置身于天地自然之中，他们就能够诗意地感受到：青山绿水云烟吞吐，充满了生生之意；茂林修竹莺歌燕语，充满了自在之机；几声鸟儿啼鸣，令人耳根清彻，心旷神怡；一片云光舒卷，令人心境一空，自在轻安。细细倾听，林间松涛，阵阵如韵；石上流泉，潺湲有声，恰似造物主拨弄天地琴弦，送来天音地籁，这是世间最美好的乐章了。悠悠放眼，则见满山之翠色，净无纤尘；水上之涟漪，空灵恍惚；潭中之云影，自在无碍；草际之烟光，缥缈迷离；月下之花容，轻灵有致；风中之柳态，摇曳生姿。若有若无，亦真亦幻，这是世间最美的画图了。就在目视神遇、心与境会的刹那之间，人内心自在的灵性，与天地自在的本性，合为一体，物我两忘，栩栩然不知是庄周梦到蝴蝶，还是蝴蝶梦到庄周了。

智者说："青青翠竹，尽是法身；郁郁黄花，无非般若。"什么是天地之间最好的声音？答曰：音外之音。什么是天地之间最美的景色？答曰：景外之景。人世间最可珍贵的，不是现象中的五音五色，而是透过五音五色之外的诗意、禅意，也就是：生生之意，自在之意。将这种诗意和禅意化为一种人生态度，那就是：豁达，潇洒，活泼，自由。

所以，人生于世，无须过于功利化。要着意培养一颗活泼的心，诗意的心，禅意的心，在尽情挥洒人生的同时，跳出外物藩篱，融入天地自然，释放自在灵性。

7 我们都在从红尘眷恋到精神自由的路上

原文

谭山林之乐者，未必真得山林之趣；厌名利之谭者，未必尽忘名利之情。

译解

奢谈山林之乐的人，未必真正懂得山林的趣味；闭口不提名利的人，未必真的就能将名利忘却。

感悟

世俗红尘纷纷扰扰。不可否认，人生的很多乐趣，都是在纷纷扰扰的红尘中获得。但红尘毕竟太嘈杂，太纠结，未免搅得人心烦意乱。所以，陷入红尘而难以自拔的人，有时不免会羡慕起山林的清幽雅静。想想山中高士，林下美人，饥来炊松笋，渴来饮流泉，倦来卧草堂，未免心向往之。

不懂山林之趣的人，奢谈山林，无非是以下几个方面：第一，对自身现状的满足和自得，比如口含天宪、手握重典的人，与其是在说山林有多好，不如说是在炫耀自己地位有多高，权势有多重；第二，也算是一种自我心理调节，地位高，权威重，其副产品就是压力大，风险多，责任重，有时候不胜其烦，不堪负荷，所以谈一谈山林的事，也算是一种暂时的逃避，心理的缓压。但若让他们真的就遁迹山林，那是绝对不干的。因为山林看似美好，其实清苦寂寞，习惯了锦衣玉食、前呼后拥的人，呆不到三天，是一定要拔腿开溜的。

不喜欢谈论名利，但是又忘不了名利的，这里面有伪君子，但更有好人。伪君子是利用隐逸山林来自高品位，实际上要以此钓得更大的名利，《北山移文》曾经嬉笑怒骂，把这号人调侃得窘态毕露。但从另一个角度来说，这种人绝大多数是有精神追求的人。佛是觉悟了的众生，众生是没有觉悟的佛。人只要有一念善心，好比在心田种下一粒良种，总有一日他会发芽，成长。人心有善有恶，有高尚有卑劣，有神性有物性。一个人不喜欢名利之谈，证明他有一定的精神追求，是难能可贵的，也许他未必尽忘名利，也许他还在本我与超我之间挣扎，也就是说，他还在路上，从红尘眷恋到精神自由的路上。

《格言联璧》云："以圣贤之道教人易，以圣贤之道治己难；以圣贤之道出口易，以圣贤之道躬行难；以圣贤之道奋始易，以圣贤之道克终难。"没有大彻大悟的人，都在内心冲突中。当我们哂笑某种人的时候，某种人其实就是我们自己。

8 若得山花插满头，莫问奴归处

原文

有浮云富贵之风，自不必岩栖穴处；无膏肓泉石之癖，而常自醉酒耽诗。

译解

能够把荣华富贵看成过眼烟云，就没必要跑到深山老林中去隐居；虽然对林泉山水没有特别兴趣，能经常喝喝酒写写诗也挺有兴味。

感悟

古代读书人，能考出去做官的比例很小。比例比较大的那部分实现不了科举功名的人，要么做个三家村的学究，要么去做个幕僚师爷；要不写字卖画为生，要不找几个蒙童教一教混口饭吃。从某种程度来说，他们的生存状态是比较尴尬乃至凄惨的。君子耻于言利，现代人不愿读书可以去做生意，可古代读书人视从商为下贱，即使穷到三餐不继，也不太肯拉下读书人的架子来做生意，求发财。与曾经一起读过书的后来考中科举做了官的“同学”相比，境遇无异于一个天上，一个地下。面临巨大的反差，他们除了要努力谋生之外，还要努力想办法来平复自己落魄失意乃至愤懑不平的心境。于是，老庄的逍遥无为，佛家的梦幻泡影，魏晋达人的率性通脱，禅者的随缘任运等旨趣，就成了他们抚平伤痕、安顿身心的精神良药。

给自己带来最大痛苦的是什么？是对名山事业、荣华富贵的向往和不舍。那么如何来解脱自己的痛苦？那就是建立一种浮云富贵、粪土王侯的人生态度。荣华富贵为什么不值得看重？因为从现象上来看，荣华富贵不过一枕黄粱，没有能够长久的。既然不能长久，为何要孜孜以求？从佛教思想上来看，一切如露，如电，如梦幻泡影。人都是泡影，何况功名富贵这种影外之影？从老庄思想来看，与荣华富贵相连接的，是各种牢笼，各种缠缚，因此宁愿做一个在烂泥里摇头摆尾的小土鳖，也不愿做一个供在庙堂里不得自由的大乌龟。从历史上看，荣华富贵的伴生物，是祸福无常，伴君如伴虎。所以，功名富贵无份的读书人，往往会从思想上彻底否定功名富贵，重建一种以老庄、佛禅思想为基础的人生价值和生命态度，从而把生命的情味贯注于内在心灵的逍遥自在、林泉山水的适意旷达、琴棋诗画的风雅兴味、清茶美酒的风雅酬酢当中，

获得心灵和生命的双重安顿。

在古代中国，与功业传统并行不悖的是隐逸传统。而对大部分以匡扶天下为使命的知识分子来说，功业追求是主动的，隐逸逍遥是被动的。从功业到隐逸，是一个从痛苦到平淡的过程。要彻底太上忘情，不是那么容易。所以，有的人眼不见为净，找个清雅偏僻的地方隐居起来。而寒林大江边，"欸乃一声山水绿"，"岩上无心云相逐"，很有诗意，也很有禅意，但毕竟是太过冷寂。天天煮石头，食蔬笋，生活也不便。所以，总在寻找安顿的雅人们，不少人对山林望而却步，而宁愿栖身于滚滚红尘。理由是：真正无欲则刚内心强大的人，不管红尘有多热闹多纷杂，内心仍然可以保持淡定的心境。如果你功名之心没有熄灭，即便是逃到深山更深处，内心也是不得安宁。所以菜根云："心无物欲，便是秋空霁海"、"有浮云富贵之风，自不必岩栖穴处"。就留在人间吧，"若得山花插满头，莫问奴归处"。人间的柴米油盐，是那样的味道十足；人间的风鬟雾鬓，是那样的风情十足。

9 相濡以沫，不如相忘于江湖

原文

发秃齿疏，任幻形之凋谢；鸟吟花开，识自性之真如。

译解

头发脱落牙齿稀松，一任这个幻化的肉身衰老消亡；鸟儿啼鸣花儿开放，从中顿悟永恒不灭的本体存在。

感悟

生老病死的铁律，任是谁也无法阻挡，哪怕是佛陀、上帝，乃至万岁天子。人都怕老，怕死，芸芸众生恐怕没几个人可以免俗。白居易《叹诗老》云："晨兴照青镜，形影两寂寞。少年辞我去，白发随梳落"，"吾闻善医者，今古称扁鹊。万病皆可治，唯无治老药"。叹老又怕死。陆游也有《叹诗老》："镜里萧萧白发新，默思旧事似前身。齿残对客豁可耻，臂弱学书肥失真。"牙齿掉没了，都不好意思开口，手臂没力气了，笔管都快握不住了，笔墨不免瘠肥失真。伟人毛泽东晚年经常读庾信的《枯树赋》，读到“昔年种柳，依依汉南。今看摇落，凄怆江潭”时，忍不住泪眼婆娑，哭得稀里哗啦。王羲之曾与一干雅人兰亭集会。是日天朗气清，惠风和畅，大家曲水流觞，畅心快意。放浪形骸间，突然间乐极生悲，这个世界再美好，人也终将老去，死掉，于是哀叹：“死生亦大矣，岂不痛哉！”

一切哲学，基本上都要探讨生死问题。一切宗教，几乎都是在谋求解决生死问题。人之于世，最大的问题就是生死问题。生死问题解决了，安顿好了，生命就会更加从容笃定。传统的道家、佛教千余年来一直担当着芸芸众生的生死教育课程。早期的儒家不太管这事儿，后来发现扛不住了，于是把佛道的心性传统纳入麾下，并成为明清时期的国家意识形态。

老庄们认为，人与天地万物的一切、一切的一切一个样，都是一气之所化，幻形入世，经历生老病死，然后形散骸归，重新又回归于气的状态，参与造化对气的再造作、再分配，如此循环不已，乃至无穷。老庄们还认为，生就是死，死就是生，生死是一体的，生如寄，死如归。所以道家劝人不要怕死，豁达以对。庄子的老婆死了，他悲伤之余，即刻释然，而且还鼓盆而歌，为妻子回家表示庆贺。他的朋友惠施指责他不该这样，庄子回答说：“惠兄，感谢您大老远跑来吊唁。老伴儿刚死的时候，我何尝不是泪流满面。但仔细想来，老伴起初是没有生命的，不仅没有生命，而且也没有形体；不仅没有形体，而且也没有气息。恍恍惚惚之间，那本初的东西因变化而产生气息，气息因变化而又生成形体，形体因变化而又孕育生命。生命现在又变回到了死，就像春夏秋冬四季变迁那样。现在她安息于天地之间，而我却还要哭哭啼啼，这不是有毛病吗？所以，兄弟我不哭了。”

《庄子》一书还写到了“子祀、子舆、子犁、子来”四个老友。这四个老家伙都认同生死一体这个理念，所以“相视一笑，莫逆于心”。其中子舆得了病，人变得怪模怪样的，其他三个老家伙去探视他。他说：“伟大啊，造物主。你老

萬事
無如
退步人
孤雲野鶴
自由身
松風十里
時來往
笑揭峰頭
月一輪

人家居然把我变成这副样子！你看我，腰弓背驼，五脏朝上，双肩高过头顶，下巴缩到肚脐眼下，弯弯曲曲的颈椎好像瘤子一样向天上隆起。”简直是搞笑嘛，这老家伙不但不恼，而且还乐颠颠地跑到井边去欣赏自己。人问他讨厌自己这副样子吗，他回答说：“怎么会呢？假令造物主把我的左臂变成公鸡，我便用它来报晓；把我的右臂变成弹弓，我便用它来打斑鸠烤熟了来吃；把我的屁股变成车轮，把我的精神变成骏马，我就用来乘坐。生命的获得，是适时；生命的失去，是顺应。安时处顺，我何悲何喜！”

老头中的子来，不久也生病了，气息急促快要死去。妻儿围在他身边哭泣不停。子犁前往探望，对子来的妻儿说：“你们走开吧，不要惊扰造化对他的造化。”然后靠着门调侃子来：“伟大的造物主又将把你变成什么？把你送到何方？把你变成老鼠的肝脏吗？把你变成虫蚁的臂膀吗？”子来回答说：“造化是我们的父母，它让我去哪里就去哪里。‘夫大块载我以形，劳我以生，佚我以老，息我以死。故善吾生者，乃所以善吾死也。’也就是说，造化既然妥帖地安排我的生，就会妥帖地安排我的死。”庄子在书中说，子来说完后便沉沉睡去，到他醒来的时候，已经被造化安排到另一个世界了，也不知道以何种生命形态存在。几个病得快死的老头，俯仰之间，没有一丝怨尤之意。果然有“一任幻形之凋谢”的派头。庄子认为，犹如黑夜和白天交替那样永恒地变化，生死这档子事，人是不可能参与和干预的，不如顺应自然。所以他说：“与其相濡以沫，不如相忘于江湖。”

佛家则干脆认定人有来世的。觉者可入永恒的涅槃之乡，其他人都要根据业力的驱使，进入六道轮回，生生死死，循环不已。佛家认定人的生老病死都是苦，人要脱离痛苦，就要脱离六道轮回。所以，佛家修行的目的，要不就是顿悟自性，入于涅槃，要不就是投生西天极乐世界，再不济也要在六道轮回中寻个好去处。“鸟吟花开，识自性之真如。”这一句告诉人们，要从现象中看到本质，在这个生灭的世界，还有一个不生不灭的东西存在，这就是自性，或者真如，或者其他各种各样的提法。佛家认为，老死并不可怕，色身虽坏了，但真如佛性不灭，只要积极培福，增长慧命，必有光明未来。

佛家认定一切有为法，都是梦幻泡影。人的色身是由地、火、水、风四大元素和合而成，人死，就是四大不和，要散架了，地归于大自然的地性，火归于大自然的火性，水归于大自然的水性，风归于大自然的风性。而那不灭的，佛家叫阿赖耶识，西方类似的叫法是"灵魂"，这个东西还存在着，进入生死轮回。所以佛家也教人不要怕死，尽管那个代表自我的神识要脱离衰败的肉身，犹如乌龟去壳，是一个非常痛苦的过程。但再痛苦，总有个"我"在。而世上种种"断灭观"，则认为人死如灯灭，什么都没有了。对于"我执"比较强的我们来说，存在的虚无，才是最最可怕的。

佛家认定，活着就是苦，生老病死都是苦，求不得爱别离怨憎会都是苦。最好的选择，就是超越生死，不要再入生死，这就是涅槃，或者进入西天极乐世界。面对老死，应做如是思维：思维四大色身乃因缘和合，面对生死的变化，要放下对"肉身"以及外物的执着；思维生死一如，与其抗拒，不如坦然接受，或用修持力解脱；思维死亡如出牢狱，解脱身体的枷锁；思维死如乔迁，从破旧的房屋搬到华美的新居；思维死如更衣，脱掉破旧的衣服，换上华美的新服；思维死如出国，可以到西方极乐国土；思维死非结束，而是生命另一段的开始。

总的来说，中国人怕死。但古往今来的智者安慰我们：不要怕死。死是气化，死是回家，死是往生，死是解脱。人们都应该学一学洒脱的陶渊明：纵浪大化中，不喜亦不惧。

10 看到的是玻璃上的尘埃，还是窗外的风景

原文

都来眼前事，知足者仙境，不知足者凡境；总出世上因，善用者生机，不善用者杀机。

译解

同是当下境遇，知足者可能觉得自己是在美好仙境里享福，不知足者可能认为自己是在庸碌凡尘中煎熬；同是世上因缘，对善于运用者来说可能就是事情往好的方向发展的转机，对不善于运用者来说，可能就是人生步入凶险境地的陷阱。

感悟

幸福的基础是物质，如果缺少赖以滋养生命的基本物质条件，幸福是无从谈起的。基本物质条件能够得到满足的人，有的可能是高官厚禄，有的可能是大款老总，有的可能是中产阶级，有的可能是普通工薪阶层。就这个群体来排队，是不是官最大的、权最重的、钱最多的、人最漂亮的，就是最幸福的？

也未必，多少高官抑郁，多少老板跳楼，多少红颜薄命。据我的观察和感受，在获得基本物质条件的基础上，比较有幸福感的人，主要有以下几类：

一是能够知足的人。因为知足，他们就会悦纳环境、悦纳自己、悦纳当下所有。二是不苛求完美、不追求极致的人。他们放弃了“必须”“一定”“绝对要得到”等非理性认知，认识到世界是有缺憾的，人生是有缺憾的，因此他们接纳了缺憾，包容了不完美，同时又看到世界美好的一端，人生美好的一面。三是情绪比较平和的人。对于喜怒无常、爱憎分明、脾气火爆、性格忧郁的人，幸福的感觉容易被负面情绪冲淡，人生的小不如意容易被情绪放大、染黑。四是对美好事物感触比较灵敏的人。人在目标的追求中，容易全神贯注于目标，心心念念于目标，从而心不在春秋代序，心不在家庭温情，心不在对美好事物的感受，所以有些人感受不到幸福。就比如《天龙八部》中那个一心恢复大燕国的慕容复，尽管身边的大美女王语嫣对他一往情深，但他一直没有这个心思也一点没有这个感觉，从而生生把王大美女推给了憨头憨脑的段公子。幸福的人，是那些既有目标，同时又能把心思放在日常生活、放在细节感受、放在精致过程中的人。他在办公室里眺望窗外，能看到莺飞草长、杂花生树的勃勃生机；他在家里吃着母亲或妻子做

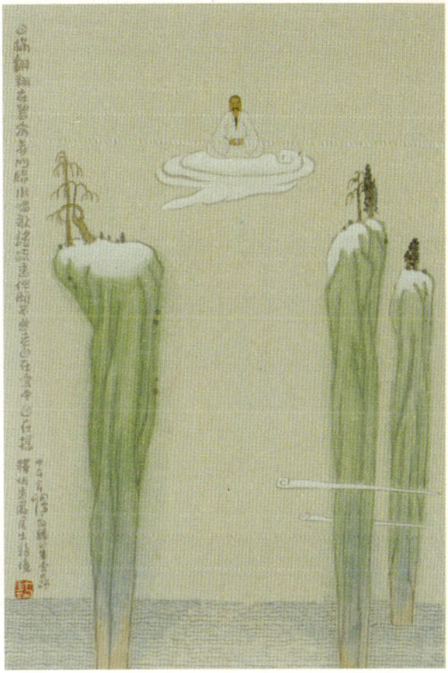

的饭菜，能吃出香甜的味道，浓浓的爱意；他与朋友相聚，能品出茶的滋味，能品出朋友的情谊。五是经过哲学或者宗教的思考，能够看破生死的人。人生最大的恐惧挂碍都能放下，他们的人生没有理由不安详、不从容。幸福，确实无法用一些具体的东西来衡量，但大幸福不应完全就是大富贵、大成功、大风头、大掌控。大幸福的人生往往是由一瞬间又一瞬间的小美好、一段又一段的小幸福串联而成，大幸福的人生，往往也在于你隔着玻璃看窗外，看到的不是玻璃上的尘埃，而是窗外的风景。

话又说回来，群体人生的幸福以及个体人生的幸福与其所生存的社会环境是密切相关的。比如，社会动荡，天下大乱，人民啼饥号寒、流离失所、命如危卵、朝不保夕，这个时候有幸福感可言么？比如，社会盛行功利主义，只见到物质，只见高楼，只见灯红酒绿，而见不到精神，见不到诗意，见不到信仰，人与人之间关系冷漠，互相戒备提防，你说，人们会幸福吗？

11 当时若着蓑衣去，烟水茫茫何处寻

原文

松涧边携杖独行，立处云生破衲；竹窗下枕书高卧，觉时月侵寒毡。

译解

在松涧旁拄着拐杖独自漫步，脚下云雾缭绕，缠绕着破旧的衣袍；在竹窗下枕着书本酣然高卧，一觉醒来之时，明月清辉洒满床毡。

感悟

这个白天拄着拐杖在松涧边漫步独行，晚上在竹窗下枕着书本酣然高卧的人，就是传说中的“隐士”。古代隐士比较多，现在据说也有，美国人比尔·波特写过一本《空谷幽兰》，写的就是寻访终南山中的现代隐士。不过波特先生写的现代隐士，大部分都是修道的人，心志比较坚定，生活极端清苦，没有古人诗文中隐士那么潇洒。

在古代，有隐士、高士、处士的说法。隐士，就是隐居在山野不做官的知识分子，他们或者干着农夫的活，干着渔夫的活，干着樵夫的活，但他们不是农夫、渔夫、樵夫。他们是有名望的人，他们是有学问的人，他们是有操守的人。由于种种原因，没能做到官或者不屑、不愿做官，于是他们做了隐士。真正的农夫、樵夫、渔夫不是隐士。隐士向往做一个高尚之士，或者说拥有很高的才艺，所以又被称为“高人”、“高士”。这些高人中有的有才又有德，但一辈子没有做过官，叫“处士”，像陶渊明这种做过官而归隐的，不能称为“处士”，而只能称为“隐士”。

做一个隐居的高人不是那么容易。这条菜根中的几个字，比如独、高、破、寒，道出了隐居的艰辛。独，是孤独寂寞。明代诗人高启诗云“雪满山中高士卧，月明林下美人来。”此为咏梅之诗，以美人喻梅花，而非真有美人陪伴。又有诗云“红袖添香夜读书”，那是陪伴进京赶考的翩翩佳公子的，有朝一日公子中了状元，妾身便可夫贵妻荣。《聊斋志异》中穷书生落魄在寺庙，有很多狐仙鬼魅争着来作陪，但在隐士身上，这应该是不会出现的。高，指的是清高。隐士多清高，不清高就会与现实合作，与官场合作，就不会做隐士。当然也有真清高和假清高，真清高是庙堂相招，不为所动；假清高是皇帝挥手，翩然而至。破、寒指的是物质简单、生活清苦。为了生活，隐士也要干活，比如陶

渊明，“种豆南山下，草盛豆苗稀。晨兴理荒秽，戴月荷锄归”。隐士生活清苦，煮石头做汤，以蔬笋为食，穿着破旧的长袍，睡着冰冷的被子。但是做隐士有做隐士的好处，比如说，身体自由，精神潇洒，远离灾祸，可以游山玩水，参禅问道，吟诗作画，涵养心性。做隐士，一般来说有三种态度：一是在举世皆浊中保持一种不肯同流合污的姿态；二是追求一种有别于功名富贵的内向超越的生命安顿境界；三是谋取一种借以沽名钓誉以谋更大好处的终南捷径。有道是：山林一大，什么鸟都有。南京师大陈传席先生将“隐士”分为十种：

完全归隐：是真正的归隐，甚至朝廷多次延请，也拒不出仕，如晋宋间的宗炳、元代的吴镇。

仕而后隐：当过官，因为对官场不满而解冠归去。这其中名气最大的要数陶渊明。

半仕半隐：先是做官，但后来不愿做了，但辞官又影响生计，于是虽做官，却不问政事，过着实际的隐居生活，如王维。

忽仕忽隐：元明之交的王蒙、明末董其昌，均是先做官，然后又隐居，待朝廷征召或形势有利，又复出仕，之后再归去。这种人不果断，拖泥带水。王蒙创造了拖泥带水皴，董其昌的画用笔含糊不清，暗而不明，可见他们的性格。

隐于庙堂：这类隐士，虽然做官，但无所坚守，随波逐流，明哲保身。

似隐实假：如明代陈继儒，虽不做官，但好和官家打交道，“翩翩一只云间鹤，飞去飞来宰相衙”。

名隐实官：如南朝齐梁时陶弘景，虽然隐居山中，朝中有事还得向他请教，被称为“山中宰相”。

以隐求仕：通过隐逸来博得名声引起朝廷的关注，然后出仕，即所谓的“终南捷径”。

无奈而隐：实际上热心世务，如顾炎武、黄宗羲等，他们“隐居”只是不愿与当局合作。

真隐而仕：在隐居时基本上都是真隐，但当时机来临时就出山，如殷商时伊尹、元末的刘基等。

这十种隐士，有真隐，有半心半意的隐，有三心二意的隐，有假心假意的隐，有的看透了富贵，但不一定放下了“名誉”。东汉大隐士严子陵是光武帝刘秀的同学，刘秀当了皇帝，请他出来做官，他不愿意，就躲了起来，朝廷一直找他不着。后来，人们发现在富春江上有人反穿羊袄钓鱼，觉得奇怪，就把这事上报到京城。京城里的汉光武一听，就知道这人是严光，于是派人把他接到京城。后人写诗评严子陵的做作：“一袭羊裘便有心，虚名传诵到如今。当时若着蓑衣去，烟水茫茫何处寻。”但不管如何，隐者大部分都是有隐者情怀的。要不然，名利之徒怎会借着“隐士”来钓取功名利禄。这证明“隐士”这个品牌还是有含金量的。其实，世上的人不管他是多么贪欲，多么爱折腾爱闹事，内心总有向往休歇、安顿的念头，所以几乎每一个人心中都有一个“逍遥江湖”。很多在庙堂做官的人如是，一般草芥之民也如是。所以，相对于功业和道统，在我们传统文化的一派，就有隐逸文化一派，很多人喜欢，即使不便明里不喜欢，暗里也偷偷喜欢。

隐士里面，我比较心仪屈原《渔夫》中的那个渔夫，渔夫不是真渔夫，是披着蓑衣操着鱼竿的高人。这个渔夫不知是现实中的真正渔夫，还是屈原心中那个有觉悟的渔夫。屈原的生命态度是：举世皆浊我独清，众人皆醉我独醒，宁赴湘流，葬身鱼腹，也不肯同流合污。而渔夫的生命态度是：圣人不凝滞于物，而能与世推移。沧浪之水清兮，可以濯吾缨。沧浪之水浊兮，可以濯吾足。

12 贪梦好，茫然忘了邯郸道

原文

隐逸林中无荣辱，道义路上无炎凉。

译解

在隐逸者的生涯中，没有名利场上的祸福荣辱；在道义者的心里，没有势利人情的冷暖炎凉。

感悟

孔子说："邦有道则仕，邦无道则隐。"隐士一定是有一定的学问、一定的名气而且与官场总是有这样那样联系的知识分子，并不是所有住在山野的都是隐士。比如，曾经做过官，后来不做而归隐的；有做官的能力，但从不求官而归隐的；读了很多做官的书，想做官而又没得做而归隐的；名气很大，被找去做官，但不肯去做而归隐的，等等。

从历史上来看，中国的隐士并不是一个很庞大的群体，但隐逸文学却特别发达。而隐逸文学作得好的，却不是真正的隐士，而是各种各样的文人。官场得意的文人写，官场失意的文人也写，有功名的文人写，没有功名的文人也写。这证明：对隐逸的向往是每个中国文人内心温润的一角。相比于官场上的风波险恶，相对于红尘中的纷纷扰扰，林间山野的清净、白云幽石的自在、流水溪桥的雅致，是多么令人神往。诗意地栖居在这么一个环境中，怎不让人心安神宁，荣辱两忘呢。特别是那些经历过纷扰风波、生死炼狱的人，更容易体味或者向往这份安宁。

一般来说，隐逸是一种对世俗的不合作，一种对现实矛盾的逃避，一种无为的人生态度，是好是歹，各有各的看法。但这对个体生命的安顿来说，也不失为一种有用的方式，否则，古代文人士子，怎么总是有一个隐逸情结呢？隐逸情结体现在两个方面，一是有形的，真的就找个合适的地方隐居起来；一个是无形的，他们的人身不管是主观贪恋也好，被动受羁縻也好，可能脱离不开世俗的樊笼，但在内心会营造一个隐逸的江湖，累了，就来到这个江湖小憩一回。这个江湖，就是老庄态度，佛禅意趣。体现在外在，就是参禅以养心，书画以怡情，琴箫以寄意，歌咏以舒啸。有条件的，可以在家里造一座园子，在里面吟风弄月，批山抹水。

宋朝有一位名叫潘阆的文人，性情狷介，经常惹是生非，做过小官，更坐过牢。他写过一首《酒泉子》：“长忆西湖，尽日凭阑楼上望。三三两两钓鱼舟，岛屿正清秋。笛声依约芦花里，白鸟成行忽惊起。别来闲整钓鱼竿，思入水云寒。”西湖是一个隐士特别喜欢的地方，有一个叫林逋的处士隐居在这里，以梅为妻，以鹤为子，并写出了“疏影横斜水清浅，暗香浮动月黄昏”这样的好句子。潘阆这阕写西湖的词，营造了一个钓翁出没的寥廓苍茫意境，寄托了这位狂人的出尘之想。这里有江湖烟波，但没有宦海风波。其实，西湖因为景致好，从来不缺热闹，从湖边的坟墓来看，这里曾经熙熙攘攘。潘阆眼中的西湖，其实是隐逸化了的西湖，是潘阆云情烟想的西湖。宋代名相王安石变法失败后，一个人孤独地居住在金陵，实际上也是过着隐居的生活。他写了一首《渔家傲》:“平岸小桥千嶂抱，揉兰一水萦花草。茅屋数间窗窈窕。尘不到，时时自有春风扫。午枕觉来闻语鸟，敧眠似听朝鸡早。忽忆故人今总老。贪梦好，茫然忘了邯郸道。”在这里，他一边咀嚼变法的惊心动魄，官场的无情翻覆，身前的得失荣辱，一边体味当下隐居生涯的冷清悠闲，他也许感叹，人间天大的事，朝中泼天的富贵，也不过邯郸道上的一枕黄粱而已，唯有当下的春风啼鸟，才是怡我情志、忘我烦忧的美好风物。北宋黄庭坚，一生受党争牵连，命途多舛，最后死在流放之地。他写过一首诗：“投荒万死鬓毛斑，生入瞿塘滟滪关。未到江南先一笑，岳阳楼上对君山。”在诗中，他有九死一生的豁达，但更是心有余悸。他还写过一阕《诉衷情》词:“一波才动万波随，蓑笠一钓丝。金鳞正在深处，千尺也须垂。

吞又吐，信还疑，上钩迟。水寒江静，满目青山，载明月归。”寄托了自己摆脱世情、飘然出尘的心志襟怀。往往最令人向往的隐逸诗章，是人生有失落、遭际比较坎坷甚至凄惨的人写出来的。

隐逸林中无荣辱，这是以佛道逍遥出尘来解脱人世间的纷纷扰扰。道义路上无炎凉，这是以儒家的道义情操来净化势利之心。孟子说:“仁者爱人。”儒家高推仁义道德，鼓励成圣成贤，养成浩然之气。成了圣贤，自然爱一切人，不会只爱富人，不爱穷人，只爱看得顺眼的人，不爱看不顺眼的人，有一点像基督教的“博爱”。孟子又云:“富贵不能淫，贫贱不能移，威武不能屈。”成了圣贤，自然以道义为标准，明辨是非善恶，有所为，有所不为。但对芸芸众生来说，隐逸，毕竟是一种可望而不可即、可羡而不可得的生命状态，道义，也是一种高而难及的境界。所以人们只能在红尘浪里、世情窝里翻来滚去，欲洁何曾洁，云空未必空。但不管如何，在心中营造一个隐逸而诗意的世界，毕竟可以消除红尘热焰的烧灼而获得内心片刻的宁静；在心中高悬一个圣贤的道德境界，也可让自己在一个以金钱权势为核心追求的社会中保持一些清醒，不至于势利乖张、面目可憎。

13 不要让心成为虚名的奴隶

原文

矜名不若逃名趣，练事何如省事闲。

译解

炫耀声名，不如逃避声名来得更有意味；干练处事，又怎及清闲无事自在悠然。

感悟

在我们的传统中，儒家是入世的，讲究修齐治平，讲究太上立德、其次立功、再次立言。这一派的正途，就是担当、气节;这一派的流弊，就是虚伪、好名。一些修为比较好的儒士，可以浮云富贵，可以威武不屈，贫贱不移，但唯独突不破“名”这一关。

明朝的海瑞曾上书给嘉靖皇帝，骂他“嘉靖者，家家皆净也”，气得皇帝当场就要杀他。身边的太监赶忙跪谏，说海瑞是个怪人，就是好名，他在上书之前已经准备好了棺材，你把他杀掉，不就成全了他吗？心烦意乱的嘉靖将奏章读了扔、捡起来又读，叹口气，终究没有杀他，而是恨恨地把他打入天牢；清代张廷玉，一生谨小慎微，万言万当不如一默，伺候康雍乾三代皇帝，功德圆满。但到了晚年，却非常在乎雍正皇帝原先许诺的让他配享太庙的荣誉，快退休之前一反沉默谦退的常态，屡屡在乾隆面前唠叨这件事，让乾隆心生嫌隙，拉下脸训斥他，甚至一度取消了他的配享资格。张廷玉自取其辱，闹得灰头土脸，致休后回到老家，很没有面子，终日枯坐室内不肯见人，几年后便郁郁而终。不过，后来乾隆觉得有些过分，终究在张廷玉死后还给了他配享的资格。不知张廷玉在天有灵，是否收到这份形而上的“冷猪肉”。

雁过留声，人过留名。有些文人，对“名”的执着到了变态的地步。即便是好名声没有留下，坏名声也要留下。果真是：不能流芳千古，也要遗臭万年。明末才子屠隆，一生风流放荡，晚年得了梅毒，本是题中应有之义。但得了梅毒的屠隆不但没有躲起来，反而更加高调，在快病死烂透之前，突发妙想奇招，搞了一个三天三夜的“无遮大会”，遍邀菊坛名角，敦请文林士子，相约新旧情好，相聚于乌石山下，邻霄台上。那几天，舟船车马，络绎不绝，驰者塞途，观者如堵。唱和的文人，相好的名妓，助兴的僧道，帮衬的俊童，众星捧月般围着这位文坛大哥大，高谈阔论，吟诗作对，听曲饮酒。梅毒缠身的屠隆，意气风发，回光返照，出尽了风头。人都快死了，还不能忘情这点风光，可见这个“名”在人的内心扎根有多深，是那样的难以拔除。

佛家认为，人生的痛苦根源在于“我执”。执着于我的财富，执着于我的权势，执着于我的情爱，执着于我的肉身，执着于我的名声。修行的人，其他的“我执”都比较好破，就是这个“名执”最为细微，不易自我察觉。执着于名，佛家的术语叫“贡高我慢”，也就是攀比心，虚荣心，自负心，傲慢心。佛家还有句话，

木食草衣
心似月
一生
無念
復無涯
時人若問
居何處
綠水青山
是我家

叫“名闻利养”，“名闻”就是名气很大，“利养”就是信众供养的财货，有名气的高僧，往往供养堆积如山。对僧人来说，“利养”这关好破，但“名闻”这关难破。我阅尽经藏，深谙佛法，修为精湛，道行高绝。存了这个心，就是“贡高我慢”，就是“名闻”，就是“我法二执”。一切有为法，如露，如电，如梦幻空花。佛门弟子，能看破一切，放下一切，但往往就看不破放不下内心那不易察觉的对“名”的执着，所以阻碍他们向究竟的境界突破。

庄子追求绝对的心灵逍遥，一空依傍。认为心外的一切、身外的一切都是心灵的羁绊。他曾说：“无为名尸，无为谋府，无为事任，无为知主。”也就是说，不要让心成为虚名的奴隶，不要让心成为搞阴谋诡计的密室，不要让心被繁杂的事务所纠缠，不要让心成为堆积各类琐屑、饾饤的知识的仓库。唯其如此，心灵才能活泼、灵动、自在、逍遥，才能明道、见独、彻悟。

名利驱人万火牛。一个人好什么，那么什么就会成为别人给你下钩子的诱饵。有人为名低三下四，有人为名到处忽悠，有人为名铤而走险。而没有名气，特别是本来可以有名气但让自己没有名气的人，收获的是清净、自在、悠闲、安乐。

练事何如省事闲。人不能太忙，太忙则丧失真性；不能太闲，太闲则穷极无聊。整日忙碌的人，陷入事务当中停不下来，停下来就会空虚乃至手足无措。喜欢忙的人，一般有焦虑、求完美的倾向，很容易把自己搞成强迫症。一般来说，不忙不闲比较好，有忙有闲比较好。如果人不得不太忙，或者不得不太闲两者相较，还是闲些好。因为忙就没有自由，不能自主，想闲闲不下来；而闲，虽然无聊，但很自由，可以自己做主，不想闲了，可以无事找事忙。忙与闲，最大的差别就在于，人能否自己做主。所以大权在握的、大事缠身的人，往往骑虎难下，欲闲而不得闲，欲脱而不得脱。

14 心灵深处最温润的一角

原文

芦花被下，卧雪眠云，保全得一窝夜气；竹叶杯中，吟风弄月，躲离了万丈红尘。

感悟

这条菜根清空明白而又韵味十足，还是不翻译为好，越翻译越让人糊涂。我读过多本《菜根谭》注本，有人把“芦花被”译成“芦花做成的被子”，把“竹叶杯”译成“竹叶做成的杯子”，颇为无趣；有人把“卧雪眠云”译成“卧在雪地里，睡在云头上”，令人喷血，卧在雪地里，岂不是把雅人冻死。像这类句子很多，似乎都不宜直译。比如：“昼闲人寂，听数声鸟语悠扬，不觉耳根尽彻；夜静天高，看一片云光舒卷，顿令眼界俱空。”这等文字，无非是文人雅致，雅人深致，表达一点内心的闲适以及对闲适的向往而已。就拿现代人所说的，是“精神出轨”而已，而不是“身体出轨”。“卧雪眠云”，说的是精神上的逍遥出尘，而并不是说自己真的就跑到山林卧雪眠云去了。当然，也有彻底归隐山林的。但彻底回归山林的，一般不写这类文字。写这类文字的，多半还在红尘熬煎。

这个有缺憾的世界，佛家叫娑婆世界。有欲皆苦，无人不苦。怨憎会苦，爱别离苦，求不得苦。读饱了书，能够妙笔生花，同时一心想着修身齐家治国平天下的文人，不管有没有做到官，其实都在喊苦。做到了官的，狂喜之余，忽然感觉到伴君如伴虎，稍不小心就会掉脑袋，不免心生畏惧；狂喜之余，忽然感觉到官场倾轧，风波险恶，不免去意回徨；狂喜之余，忽然感觉到理不完的政务、催不完的差科、接待不完的官佐，不免心生厌烦。所以呢，做官也是苦，而没做过官的，则更苦，非但没有地方可以治国平天下，而且还三餐不继、衣食无着。

觉得做官苦的人，有两个人比较典型。一个是魏晋时的嵇康。在《与山巨源绝交书》里，嵇康极力铺陈，说让自己做官有“必不堪者七，甚不可者二”。所谓“七不堪”是：不堪早起、不堪被人紧跟、不堪端坐公堂、不堪文牍、不堪吊丧、不堪交接俗人、不堪琐务。所谓“二不可”，一是因为“非汤武而薄周孔”，为礼教所不容；二是因为“刚肠疾恶，轻肆直言，遇事而发”，涵养不够，根本不适合当官。不过，不肯做官、不愿合作、不入牢笼的嵇康，最终没逃过当局的魔掌。而这等人物，亦如广陵绝响，不复见矣。

另一个是明代性灵派文人袁宏道。他做官以前是向往做官的。“少时望官如望仙，朝冰暮热，想不知有无限光景。”等真的做到了官的时候，却发现做官并不舒服。他写信给朋友说，做官，“钱谷多如牛毛，人情茫如风影，过客积如蚊虫，官长尊如阎老”，简直是“七尺之躯，疲于奔命，十围之腰，绵于弱柳”。他恨恨地说：“弟作令备极丑态，不可名状。大约遇上官则奴，候过客则妓，治钱谷则仓老人，谕百姓则保山婆。一日之间，百暖百寒，乍阴乍阳，人间恶趣，令一身尝尽矣。苦哉！毒哉！”于是坚决要辞官，后来总算遂了心愿，“游鳞纵壑，倦鸟还山”，以为从此可以“逍遥云海”“极人间之乐”了。袁宏道是性灵派，讲究随心所欲，其实世道哪容他随心所欲，最后他还是复出做了小官，事事不如意，四十几岁便死了。

而做不到官的文人，则更苦。身苦，心更苦。做不到官，自己手不能提、肩不能扛，国家又不给待遇，所以只好去做三家村的穷教习、课几个蒙童，换几斗谷米度日。厉害一点的，去给人家做幕僚、师爷。而才高不遇的，则承受着巨大的精神熬煎。像徐文长，愤世嫉俗，直至疯癫；像唐伯虎，“不炼金丹不坐禅，不为商贾不耕田。闲来写就青山卖，不使人间造孽钱”，潇洒的笔调里面有多少锥心的痛；像蒲松龄，只好把满腹委屈、幽怨、向往、期待全部发泄在《聊斋志异》这本“孤愤之书”当中。

山林总是那样美好。高山流水，茂林修竹，白云出岫，倦鸟回巢，松风吹解带，山月照弹琴。做了官的，难以脱离樊笼，或者自己终究不肯脱离樊笼，所以他们归隐不了，穷酸措大秋风钝秀才，没有那个能力，总不可能真的风餐露宿，衣荷叶食松果，所以他们其实也去不了。但不管怎样，在中国文人心目中，那一方精神化的山林，始终留存在心中，成为心灵深处最温润的一角。在临深履薄、任繁事艰、伴君伴虎、钩心斗角、谄上欺下、作威作福之余，在谋衣食、打秋风、穿州过府、疲于奔命的缝隙间，遁入这方精神的山林，获取一点心灵的休憩和诗意的感受,在这个扰扰攘攘的尘世,获得刹那间的生命安顿。人们“栖息”这方山林、“卧雪眠云”的方式有很多。吟诗作画、弹琴舒啸、参禅问道、品茶饮酒、弈棋垂钓、游山玩水等，都是。

生活在现代，物质已经足够繁富了，声色的享受也足够丰盛了。人们越占有越烦躁不安、越享受越无聊空虚，总觉得生命中缺少一点什么。其实大家缺少的，就是一种娴雅而又诗意的生活方式。

15 不是闲人闲不得，闲人不是等闲人

原文

此身常放在闲处，荣辱得失谁能差遣我；此心常安在静中，利害是非谁能瞒昧我。

译解

常把自己安放在淡泊的状态，荣辱得失面前我自八风不动；常把自己安放在清静的状态，是非利害之情我自洞若观火。

感悟

我不知道历来标榜淡泊清高的人，有几个是真心愿意挣脱荣华富贵牢笼，做到宠辱不惊，去留无意的。近来我比较关注陈继儒这人，研究了他的人生行迹，熟读了他的《小窗幽记》，得出结论：他到底还是一个真正的隐士，一个真正能够实现人身自由的人。同为著名的隐士，他比陶渊明自在多了。陶渊明经常无钱沽酒，无米下炊，所以多多少少影响雅人风致，而陈眉公，他绝不至于如此寒酸。他的特点是：因为不做官，所以

他有闲；因为擅长经营，所以他有钱；因为多才多艺，所以他很风雅。有闲有钱而又风雅，想不潇洒都难呀。所以他身体自由，经济自由，精神自由，天不管，地不收，不矫情，不做作，适情惬意，不拘形迹，悠游浮生，畅快平生，把八十几年的日子过得山长水远、活色生香。

陈继儒，号眉公，松江华亭人。明代文学家和书画家。他才学极高，工诗善文；书法很好，可入逸品；又擅绘画，名重一时。而且与李渔一样，什么都行，什么艺术鉴别、美食茶艺、养生休闲、园林艺术，样样精通，是一个很高的高人。松江华亭，就是现在的上海。现在的上海男人，似乎精神上与陈继儒有一脉相承之处，那就是精致，聪慧，有经济头脑，螺蛳壳里做道场，会打理生活，会享受人生。

陈继儒幼年即聪明过人，史称“颖异”，与同乡大画家董其昌齐名。他二十岁考取秀才，但后来两次考举人都不顺利。二十九岁时，他打定主意不玩科举了，于是一把火将儒衣儒冠烧掉，彻底不想做官了，下决心从此隐居。这对少年高才的陈继儒来说，如果不是确实把功名看破，这样的决定是做不出来的。从后来的表现来看，他隐居，不是待价而沽，不走终南捷径，而是一隐到底。与他一起搞科举，同样失利的好朋友董其昌，后来考中了进士，做起了官，这也没有打动陈继儒，从这一点来看，他对隐居这事是决心大、方向明的。

陈继儒做了隐士之后，投刺访友、游山玩水、莳竹养花、踏雪寻梅、品茶饮酒、焚香抚琴、赏月晒书、吟诗作画、参禅学道成了他的日常生活，一来二去，弄得名头甚是响亮。很多人向皇帝举荐他，吏部尚书闵洪学向皇帝上书说，陈继儒是江南名士，应该让他参政议政。于是皇帝下令，如果陈继儒有什么建议，一定要奏知。大学问家黄道周也给皇帝上书，说陈继儒志向高雅，博学多通，自己比陈继儒有“七不如”，可见，陈继儒是真的有才学。朝廷几次下诏书征用，他都以疾病为理由推辞掉。可见，陈继儒的“不做官主义”是彻底的。不做官，少了勾心斗角的算计，少了如履薄冰的战兢，多自在呀。

陈继儒虽然不做官，但不妨碍他以“隐士”高名周旋于各类官员之间。和一般的古怪山人不一样，他对于达官贵人非常随和，绝不故作清高，绝不乱翻白眼。假隐士想死了做官，却摆出一股耻于与官员为伍的姿态。由于陈继儒经常与官绅打交道，一些人看不惯他。有人问：“你既然是山人，为什么不到山里去？”山人就要到山里去？当真是刻薄之极。后世的蒋士铨也写诗讽刺他：“翩然一只云中鹤，飞去飞来宰相衙。”其实，这些人只要站在陈眉公的角度想一想，就不会不明白。其一，他是自己放弃功名的，所以对有功名的人才会心态平和，不至于见官就冒无名火；其二，他是一个散人，与官无仇，又何必得罪官员呢？其三，官员都是读书的雅人，陈继儒也是雅人，雅人不与雅人交往，跟谁交往呢。所以，讽刺陈继儒的人，也许是羡慕嫉妒恨吧，因为陈继儒活得太惬意了，太滋润了，他有隐士之名，却无清贫之困苦，他有官吏之尊贵，却无案牍之劳形，真是幸福呀。

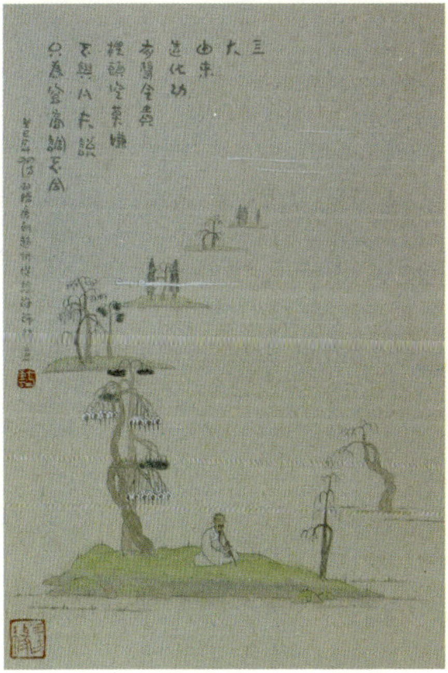

陈继儒做了隐士，但他要做一个有尊严的隐士，他不想过得跟一个酸儒一样，他愿意过得舒服，所以他追求好的物质生活。他有很好的经济头脑，是当时全国有名的书商，每年靠着出版事业获取不菲的收入。有了稳定的高收入，就更不用受功名利禄的羁绊了，所以他一生都在听从内心的呼唤，追求快乐的生活方式。在漫长的几十年间，他一直在造房子，造亭子，造园子，乐此不疲，乐在其中，直至老年。他说自己：不是闲人闲不得，闲人不是等闲人。虽然追求享乐的生活方式，但他并没有荒废精神追求，他写书，写书，总是写书，一生著述宏富，总共有三十多种书流传至今，包括著名的《小窗幽记》。他虽然隐居，但也不完全忘情世事，他有时关注民生，向有关部门提提建议，为社会尽点心力。

毫无疑问，陈继儒追求物质享受，但他能自我节制，懂得养生之道，比同时代的那些文人节制多了。他喝酒，但不多喝；吃肉，但不多吃；他也好色，但绝不纵欲。有时候还搞一搞道家的“辟谷”，所以他一不小心就活到了八十二岁。快死之前，他辟谷数日，写了很多诗与亲友告别，自己给自己也写了一副自挽联：启予足，启予手，八十年临深履薄；不怨天，不尤人，三千界鱼跃鸢飞。写完后，把笔一丢，绝无留恋，很痛快地死了。可见，他在生死中来去是何等的潇洒。

总之，陈继儒的一生是清醒的一生，是潇洒的一生。他放弃功名，看破红尘，悟透生死，以风雅生活为寄托，实现了“大隐隐于市”的人生理想，是一个真正的隐士，是一个自己主导自己人生的清明智者。“此身常放在闲处，荣辱得失谁能差遣我；此心常安在静中，利害是非谁能瞒昧我。”这句话要是放在别人身上，我会有些怀疑，要是放在陈眉公身上，我基本上没有怀疑。因为要真正达到“闲”与“静”，是要有一定的能力、条件和境界的，别人或许没有，而陈眉公则有。

有人肯定要说了，陈继儒这厮，这么有文化，不去报效国家，而只顾自己逍遥自在，思想境界太低了。其实人生各有选择，陈继儒不做官，难道就没人做官了？在普世以做官为追求的时代，他能够不去求官，是大智大勇，是另一番境界。还是一句西谚说得好：让上帝的归上帝，恺撒的归恺撒。

16 心清，境静。灵台澄明，寂而见照

原文

竹篱下，忽听犬吠鸡鸣，恍然云中世界；芸窗中，雅听蝉吟鸦噪，方知静里乾坤。

译解

站在竹篱旁，忽然传来几声鸡鸣犬吠，恍惚间觉得自己置身于云间仙境；坐在书房里，满耳都是蝉鸣鸦噪交响，此刻才能真切感受到静中的真谛。

感悟

“归去来兮，田园将芜胡不归。”古人的隐，有身隐，有心隐，有身隐心不隐，有心隐身不隐。最彻底的，就是身心俱隐。真正隐者的动机，有的是与世俗不合，有的是追求一种风雅的生活方式，有的是追求身心的自在逍遥，更深一点的动机是求得内在心灵的安顿与超越。这条菜根，可说是身心俱隐者山林生涯的写照，也可说是心隐者心灵的写照。

这是一个清静的世界，内在心清，外在境静。这里，“暧暧远人村，依依墟里烟”。偶尔几声鸡鸣犬吠，提示篱边的幽人，此时此地，确实是人间，而不是云中仙界。这里，天荒地老，空山寂寂，没有红尘的喧嚣，没有世俗的纷扰，只有小桥流水，疏影横斜，乱蝉夕照，老树归鸦。而此时的幽人，焚香静坐，灵台澄明，似听非听、若有若无之间，觉得蝉鸣鸦噪之声是如此响亮，如此真切。静心玩味这冷趣幽思，幽人清明的心，渐渐与这清幽的境融为一体，心境合一，物我相融。

林语堂曾说过，儒与道永远是中国人心灵中的两面。儒，是向外求事功和声名；道，是向内求安顿和超越。中国人所追求的安顿和超越的境界，本质上是庄禅的境界。庄禅的境界，从现象上说就是清虚澄明，从本体上说就是明心见性，体现在文人的心灵上就是特别崇尚和向往“荒寒幽寂”的意境，同时把这种崇尚和向往融入诗文、书画、园林等艺术以及生活方式当中，使之成为一种趣味，一种品位，一种时尚。比如国画，无论是远景中的平沙无垠、江水萦带、霜天寥落、山高月小，还是近景中的荒山乱石、苍藤古木、溪涧清流、竹篱茅舍，总是荒寒幽寂的格调。比如诗歌，文人们总喜欢翻来覆去地搬运着诸如寒江霜月、萧寺孤钟、深林幽篁、白云幽石、雪泥鸿爪等意象。无一例外，这些都是中国文人内心庄禅旨趣的外现。

庄禅的旨趣，就是清幽静寂、清虚澄明、朝彻见独、明心见性。所谓独，就是一空依傍、杳渺寂寥、独立不改的“道”，所谓“性”，就是本来清净、空有不二、不生不灭的“本我”。这个“本我”，后人也有“真精神”“真生命”等说法。置身清幽静寂的环境，养成清虚澄明的心灵，是为了与本来清净的自我相应，目标指向的是“明心见性”、“澄怀观道”，获得内在心灵的安顿与超越。按宗白华先生的提法，所谓澄怀，就是“胸襟廓然，脱净尘渣”，所谓观道，就是“深深领悟客体具象中的灵魂、生命”。观道的妙谛，在于“于空寂处见流行，于流行处见空寂”，所以，幽人心清，但不枯淡；幽人心空，但不空洞；幽人心静，但不死寂。终极的指向，就是要见性体道，捕捉并拥抱宇宙人生的真精神真生命。

在这里，山林是静寂的，但又不死寂，有许多活泼的生命在鼓畅生机，象征着幽人心境。幽人的心是清净的，但同时又灵明，灵敏，灵通，灵动，随时捕捉真精神真生命的消息。所谓静里乾坤，就是这个静中有动的境界，寂而见照的境界，空中生有的境界，心与境合的境界，澄怀观道的境界。

17 我将曳尾于泥涂之中

原文

我不希荣，何忧乎利禄之香饵；我不竞进，何畏乎仕宦之危机。

译解

我不希求荣华富贵，怎会担心别人用利禄来引我上钩呢？我不与人争权夺势，怎会害怕宦途官场中的风波险恶呢？

感悟

不希荣、不竞进的人大概有几种。其一，是有希荣竞进之心，但是找不到希荣竞进之路的人。他们不免吃不着葡萄说葡萄酸，索性装出一副蔑视荣华富贵的样子；其二，凡事都有两面，荣华富贵有其好的一面，也有其不好的一面，不愿过分委屈自己的人格的人，可能会比较多地关注荣华富贵负性的一面，从而减弱对荣华富贵的热望，安于当下的生命状态；其三，天性淡泊的人，对荣华富贵，既不愤激，也不艳羡，既不刻意追求，也不自命清高，而是采取一种无可无不可的态度；其四，是缺乏胆略气魄、凡事明哲保身、只求安稳度日的混世者。他们谨小慎微，若即若离，能混则混，能避则避，唯恐落入陷阱，卷入风波；其五，是有觉悟的智者。这类人具有较高的心性修养，洞察宇宙人生实相，深明祸福相依、阴阳消长之理，看破功名利禄、权势富贵的虚幻，熟悉惨烈争斗的历史掌故，所以能够以冷眼冷心来看待对待。

说实在的，做官也是一种职业。从事这等职业的价值体现，无非就是官越做越大。身在公门好修行，只要好好做官，勇于任事，官做得越大越是好事，因为这样做事的平台就更大，对国家和人民所做的贡献就越大。而畏首畏尾，不思进取，只知瞎混的官，人们是鄙视的。

《菜根谭》一书，基本上是站在个体生命安顿的立场上来发议论的，从这个立场上来讲，本条菜根不失为一种安生保命的好法子。但站在国家和社会的立场，不下厨房，不沾油锅，独善其身，无所作为，这不是有司所提倡的。佛说：我不入地狱，谁入地狱。本条菜根，似乎也有作者的影子。他原本希图用世，也许是他发现世道太黑，不愿同流合污，也许是他请托无门、仕进无路，所以最终归隐林下。这里似乎寓有作者这样的内心：既然没有我用世的舞台，我也乐得回归山林，这里远离官场风波险恶，毕竟也是一件好事情，起码可以心安梦稳，悠然度越一生。总之，这条菜根说得斩钉截铁，但言语之外终究还是有些求而不得之后故作清高的酸味在里面。

在历史上，庄子是真正能做到不希荣、不竞进的人。楚威王遣使备千金请庄子到楚国去做官，庄子对使者说：“你没见过祭祀时的牛吗？人们把牛喂得膘肥体壮，还不是为了祭祀时把它牵到太庙杀了作祭品。我宁可在粗茶淡饭中度日，也不去做披红挂彩的牲牛。”有一年庄子在濮水垂钓，楚王又遣使者去见他。庄子问使者：“楚国有一只神龟，死了三千年，大王把它用锦缎裹着供在庙堂。你

说，这只龟是宁愿待在庙堂受人祭祀，还是愿意活着拖着尾巴在泥巴里摇来摇去呢？”使者回答：“宁生而曳尾涂中。”庄子说：“尔等去吧，我将曳尾于泥涂之中。”

李商隐《安定城楼》诗中有一句“不知腐鼠成滋味，猜臆鹓雏竟未休”讲的也是庄子的故事。老朋友惠施在魏国当宰相，庄子去看他。有人告诉惠施说，庄子到魏国来，恐怕要取代你做宰相。惠子一听，很惶恐，派人在国都梁搜捕庄子，折腾了三天三夜。庄子主动前去见他，对他说：“南方有鸟，名叫鹓雏，从南海飞到北海去，非梧桐不栖，非练实不食，非醴泉不饮。一只猫头鹰拾到一只腐臭的老鼠，鹓雏从它面前飞过，猫头鹰仰头看着鹓雏，发出‘吓’的恐吓声。现在，你也想来吓我吗？”

18 风烟俱净里，洗心涤尘

原文

徜徉于山林泉石之间，而尘心渐息；夷犹于诗书图画之中，而俗气潜消。故君子虽不玩物丧志，亦常借境调心。

译解

徘徊在山林泉石之间，世俗的欲望会逐渐减弱；陶醉在诗书图画之中，身上的俗气会慢慢消失。所以，君子虽然不应玩物丧志，但也可借助外境来调适性情。

感悟

人生在世，总要入世，而入世也有个入法。人有欲望，而俗世也是“五色令人目盲，五音令人耳聋，五味令人口爽，驰骋畋猎令人心发狂”，人的欲望和俗世的五色五音五味搅拌在一起，不免让人迷失本性；人的欲望如果与俗世的功名利禄、江山美人纠结在一起，更会令人愈陷愈深，难以自拔。功名利禄、江山美人这个局，是一个人令所有男人力比多狂喷的局。

这个局，一边是功名在握，江山在手，美人在抱，另一方面也是刀头舔血剑底惊魂，阴谋杀机处处潜在。所以，莽撞入局，稍稍不小心，可能就会陷入凶险，稍稍玩过火，可能就会人头落地。当代是个相对和平的时代，官场职场生意场不像以前那么凶险可怖，但如果过分投入，过分执着，过分贪婪，也会让人患得患失，神经兮兮，轻则焦虑抑郁没有幸福感，重则利令智昏铤而走险，有的贪腐了，有的犯罪了，有的精神分裂了，有的跳楼喝药了。

所以，世应如何入？《菜根谭》告诉我们，以出世之心入世。也就是说，人在世俗竞技场，时时刻刻应保持一份清醒，一份淡泊，一份超然，这样可能会比蒙头入世不管不顾者更为安全，更为幸福，甚至更为成功。因为清醒则看得真，淡泊则认得准，超然则进退有据。所以，当你在世俗竞技场中，感觉到自己下意过重、状态不对、进退失据的时候，要赶快洗洗心，或者去钻几天森林爬几天山，或者去寺庙里撞几天钟，或者沉下心来读几本书，这样，套用时下的一句流行语，就是能够获得足够多的"正能量"，有利于自己清清爽爽再出发，精精神神再冲刺。

很喜欢吴均《与朱元思书》。虽然这篇文章我只要"望峰息心、窥谷忘反"八个字，但还是忍不住把全文搬出如下："风烟俱净，天山共色。从流飘荡，任意东西。自富阳至桐庐，一百许里，奇山异水，天下独绝。水皆缥碧，千丈见底。游鱼细石，直视无碍。急湍甚箭，猛浪若奔。夹岸高山，皆生寒树，负势竞上，互相轩邈；争高直指，千百成峰。泉水激石，泠泠作响；好鸟相鸣，嘤嘤成韵。蝉则千转不穷，猿则百叫无绝。鸢飞戾天者，望峰息心；经纶世务者，窥谷忘反。横柯上蔽，在昼犹昏；疏条交映，有时见日。"吴均生活在魏晋南北朝这个乱糟糟的时代。举世昏乱，大家在乱中奔撞冲突，凶险万端。连谢灵运这个山水诗人都忍不住火中取栗一把，结果栗子没有取到，人倒被火给烧了。而清醒者吴均，则以书信的方式婉劝友人，在乱世中不要玩得过火。风烟俱净，何等清爽的心魂，望峰息心，何等清明的心智。

人身上总有一种味道：商人身上是铜臭味，腐儒身上是穷酸味，妓女身上是风尘味，细民身上是市井味，道学身上是道貌岸然味，官员身上是谄媚虚骄味，师爷身上是精细狡黠味。这些气味，总而言之都叫作俗味。在古人来说，追求风雅是一种时尚。风雅的敌人就是庸俗，人在世俗中混，稍不留心就染上种种庸俗。宋人黄庭坚说："士大夫三日不读书，则义理不交于胸中，对镜觉面目可憎，向人亦语言无味。"所以，人要抵抗庸俗，第一是要读点书，第二是要玩点艺术，第三是要有点宗教情怀。读书可以明理，读书可以博闻，读书可以养气。费心劳形之余，抚琴一曲，泠然之间，心魂融入雅音，陶然之际，人在水湄云间。当然不是人人都可抚琴，但可听琴。一曲《春江花月夜》，可以把人送到"江天一色无纤尘，皎皎空中孤月轮"中的意境，从而尘心断绝；同样，展开一轴《江山万里图》，尺幅之间，气韵流动，将自我融入纸上大荒，画中江流，在刹那的审美感受中，人就超越了尘俗；此外，有宗教情怀的人，干净，简单，虔诚，慈悲，所以与庸俗绝缘。

19 闲坐小窗读周易，不知春去几多时

原文

读易晓窗，丹砂研松间之露；谈经午案，宝磬宣竹下之风。

译解

清晨在窗前攻读周易，用松露和丹砂研成的朱墨来圈点文字；中午在书案谈论佛经，远方寺庙里的磬音随着清风飘入竹林。

感悟

20世纪著名文人林语堂先生提倡闲适、幽默、灵性，所作《生活的艺术》在美国大为畅销。美国人梭罗听从内心的呼唤，跑到瓦尔登湖隐居，并写下《瓦尔登湖》一书，写自己的隐居生活和感悟。他说：要享受悠闲的生活，所费是不多的。本条菜根要表达的，也是两个字：悠闲。你看，读易晓窗，谈经午案，在朱笔轻点中，在高谈阔论中，在清风吹拂中，在钟磬远响中，不觉夕阳西下。你看这日子，是多么悠闲呀。

一般来说，人们会把中国古代的隐士和悠闲的生活联系到一块。中国古代的隐士虽然被认为是“逃避者无能的龟缩”，他们归隐山林，也许出于愤激，也许出于无奈，但一旦他们放下心事，远离尘嚣，面对远山如黛，看流水潺湲而逝，心境悠然之际，却惊喜地发现，这何尝不是一种别样诗意的人生。于是，他们在乡野之中，流水之旁，搭一个茅屋，栽一些竹子、梅花，种一些粮食、蔬菜，备一些经卷、书画，过上了荒寒寂寞、粗茶淡饭的隐居生活，一任清风明月直达内心，收获的是内在的安宁，简单的充实，悠闲的诗意，生命的感悟。

隐士的生活究竟是一个怎样的悠闲法？在古诗文中，可以捉摸到一些隐士的行踪：落花啼鸟声中，一觉睡到自然醒，伸展几下懒腰，问一问童子前夜雨打风吹折损了多少花枝。饭后约几个道友，登高望远，临流赋诗，在树下谈谈禅，论论道，看两局棋，弹会儿琴，品几瓯茶，喝几盅酒，路上遇到农夫，装作内行地问几句庄稼，等等。宋人罗大经《鹤林玉露》中有一篇类似博客的文章，描述了隐士一天的生活：“余家深山之中，每春夏之交，苍藓盈阶，落花满径，门无剥啄，松影参差，禽声上下。午睡初足，旋汲山泉，拾松枝，煮苦茗啜之。随意读《周易》、《国风》、《左氏传》、《离骚》、《太史公书》及陶杜诗、韩苏文数篇。从容步山径，抚松竹，与麋犊共偃息于长林丰草间。坐弄流泉，漱齿濯足。既归竹窗下，则山妻稚子，作笋蕨，供麦饭，欣然一饱。弄笔窗间，随大小作数十字。展所藏法帖、墨迹、画卷纵观之，兴到则吟小诗，或草《玉露》一两段。再烹苦茗一杯。出步溪边，邂逅园翁溪友，问桑麻，说秔稻，量晴校雨，探节数时，相与剧谈一晌。归而倚杖柴门之下，则夕阳在山，紫绿万状，变幻顷刻，恍可入目。牛背笛声，两两来归，而月印前溪矣。”

概括一下，在春夏之交某一天，这位隐士大致做了这样一些事情：睡懒觉，煮茶，喝茶，读书，散步，洗脚，吃饭，吟诗，写字，欣赏字画，跟农民聊天。

现代人如我辈，读来不禁向慕之至。当然，这种惬意的描写中，不免省去了隐士们内在的冲突，生活的艰辛。

读易晓窗，谈经午案，吹吹风，听听鸟叫，这样的日子，不是仙家，也胜似仙家了。宋朝的叶采，写过一首《暮春即事》："双双瓦雀行书案，点点杨花入砚池。闲坐小窗读周易，不知春去几多时。"我真的喜欢死了这首诗。你看，屋顶上两只麻雀的影子在书案上移动，点点杨花飘入屋内，落到砚池中。一个读书人或者是隐士，安静地坐在小窗前，毫不理会鸟儿鸹噪柳絮乱飘，闲闲地读着《周易》，都不晓得这个春日已经过去了多少时间。在一派悠闲天真当中，这个读书人物我两忘，人书一体，内心想必充盈着体道之后的和乐欣喜。

南宋有一位非常有名的道士，名叫白玉蟾，是一个高人，也是一个把悠闲玩到极致的人。他把他的居所取名"慵庵"，慵，就是懒的意思。他给慵庵题了一首诗，大意是这样的：道书我懒得去读，因为道不在书本里。道的精要，贵在清虚。什么叫清虚，一天到晚笨兮兮的就是清虚。诗我懒得去吟，搜索枯肠，把人都累死了；琴我懒得去弹，几根弓弦，弹不出什么真正的味道；酒我懒得去喝，喝醉了酒不就变成了江湖中的俗人么；棋我懒得去下，因为局中杀气腾腾让人不爽；风景我懒得去观赏，因为我心中自有大好溪山；

清风明月我懒得去面对，因为我心中自有神仙境界；俗世我懒得介入，因为我心中自有茅舍田园；春去秋来寒来暑往我懒得去过问，因为我内心清清明明。管他地老天荒，海枯石烂，我心中始终保持如如不动的本真。这家伙，为了极致的悠闲，甚至连读经、吟诗、弹琴、饮酒、弈棋、观景、赏月这等幽人雅事都可以省去了，这些东西，不免劳心费神，有碍悠闲。

对于现代人来说，古代隐士那远去的背影，恰恰是天边一抹消退不尽的残霞。虽遥不可及，却也分明而清晰地昭示着一种远离尘嚣的无言之美。现在的人们，很难过上那样的生活了。我们可以做到的，就是让生活简单一些，多关注内心，有风的时候，看花儿微微摇摆，树影婆娑起舞，让思绪与白云一道，飘飞到远方。

20 山川映发，林岫浩然

原文

诗思在灞陵桥上，微吟就，林岫便已浩然；野兴在镜湖曲边，独往时，山川自相映发。

译解

灞陵桥上诗兴大发，刚刚吟成，猛见峰峦林木已经浩茫一片；镜湖曲边野趣盎然，独自漫步，山光水色交相辉映令人陶醉。

感悟

古人热爱游历，文人士子更热爱游历。古人喜欢写诗，文人士子个个能写诗。揣着一颗诗心遍游天下，游玩山水，拜访师友，开阔视野，增长识见，等等，当真是诗情画意，意兴遄飞。你看这位先生屐痕到处，又是灞陵桥，又是镜湖曲，塞北江南，雪泥鸿爪，又是吟诗，又是漫步，令当今社会我们这些忙人们神思杳然，艳羡不已。

“林岫便已浩然”典出《世说新语》：“道壹道人好整饰音辞，从都下还东山，经吴中。已而会雪下，未甚寒，诸道人问在道所经。壹公曰：‘风霜固所不论，乃先集其惨澹；郊邑正自飘瞥，林岫便已浩然。’”意即：道壹和尚喜欢修饰言辞，他从建康回东山时，经过吴中。没多会儿就下起雪来，却还不是很冷，回到东山后，和尚们问他途中见闻。道壹说：“一路风霜自然是不用说了，天空中先是凝聚起一片阴霾。郊野的小山村还只是雪花飘零，旁边的山林就已经白茫茫一片。”东晋名士喜欢清谈闲聊也好，发议论也好，无不字斟句酌，讲究辞藻和内涵。你看“林岫便已浩然”这句，气象万千，意境混茫，可不是一般人拈得出来的。

“山川自相映发”也是典出《世说新语》：“王子敬云：‘从山阴道上行，山川自相映发，使人应接不暇。若秋冬之际，尤难为怀。’”意即是：在山阴道上行走，山川相互辉映，美景令人应接不暇，如果是在秋冬之际的话，尤其令人难以忘怀。王子敬就是王献之。《世说新语》还有句：“顾长康从会稽还，人问山川之美，顾云：‘千岩竞秀，万壑争流，草木蒙笼其上，若云兴霞蔚。’”顾长康就是画家顾恺之。山阴道在会稽城（绍兴）西南，是古时候通向诸暨的一条官道，那一带山清水秀、触目皆景。王献之的妙句一出，山阴道从此声名远播，名士吟咏不绝。比如袁宏道诗云：“山阴道上行，如在画中游。”又如

陆游诗云："山重水复疑无路，柳暗花明又一村。"

林岫浩然。山川映发。千岩竞秀，万壑争流。草木朦胧，云蒸霞蔚。这些句子句句精雅修洁，境界阔大而又深邃，浑茫而又清幽。这反映了晋人语不惊人死不休的劲儿。宗白华先生说晋人风神潇洒，雅人深致，对外发现了自然，对内发现了深情，正是因为对山水有深情深爱，所以才会那么用心地去拥抱山水，融入山水，所以他们描绘的山水，三言两语，却能把人带入一种意味无穷的审美意境。

而今，在钢筋水泥丛林的侵蚀中，在对大自然无限制的索取和破坏中，自然山水已渐渐离我们远去。这似乎是现代化的宿命，我们无力抗拒。但愿在我们的心中，能够留住那方清幽山水，诗情画意，雅人深致。

21 “唯物”的时代里，要有点“唯心”的智慧

原文

缠脱只在自心，心了则屠肆糟廛，居然净土。不然，纵一琴一鹤，一花一卉，嗜好虽清，魔障终在。语云：“能休尘境为真境，未了僧家是俗家。”信夫。

译解

是纠缠于烦恼还是彻底解脱烦恼，完全取决于自己的内心。心地如果清净，即便是屠宰的场所、酿酒的地方，你也会觉得那是净土；心地如果不清净，即便是与琴鹤为侣、与花草相亲，嗜好高雅清绝，魔障却依然存在。有人说：“能够彻底放下，红尘俗世就是佛土圣境；心中妄念不断，披上袈裟也是凡夫俗子。”确实是这样呀。

感悟

佛典三藏十二部，道藏浩如烟海，修炼法门八万四千，最终的指向还是自心。心空则一切法空，一切法空则真如现前。

佛家讲看破放下。看破，就是要明白缘起性空，万千色相毕竟是虚幻不实；放下，就是不要执幻为实，要放下对虚幻外物的执着，放下对虚幻情感的执着，放下对虚幻肉身的执着，也就是一句话：勤修戒定慧，熄灭贪嗔痴。只有看破一切不真实，放下一切不真实，内心无执无缚，那个终极的真实，才能豁然洞现。另一版本《菜根谭》云："看破有尽身躯，万境之尘缘自息；悟入无怀境界，一轮之心月独明。"无怀，就是无心，无心就是没有执着，没有妄念，无挂无碍，心境澄明。

看破放下，不仅仅是行动上看破放下，更是内心要看破放下。如果手头上把东西放下了，但内心还是恋恋不舍，患得患失，那就不是真的放下。传说有个名叫黑指的婆罗门来到佛陀面前，运用神通，化出两个花瓶，拿着献给佛陀，佛陀说："放下。"婆罗门把右手的花瓶放下。佛陀又说："放下。"婆罗门又把左手花瓶放下。佛陀还是说："放下。"婆罗门说："我已两手空空，还怎么放下？"佛陀说："我没有叫你放下花瓶，我让你放下的是你的六根、六尘和六识。"所以佛家叫人看破放下，是心要放下，放下一切分别取舍，放下一切差别对立，放下一切外物执着，让心无缠无缚，回归清净、澄明。

历史上有许多高士、山人，有真有假。真高士是彻底弃绝了世俗的功利目的，转而追求一种淡泊自甘、随顺本心、无缠无缚的生命状态。宋朝的林和靖，算是一个真高士。从对他的记载来看，他隐居似乎没有很明显的修佛修道目的，他只是喜欢一种恬淡的生活方式。史上说他力学好古，性孤高自好，喜恬淡，自甘贫困，不趋荣利。四十岁后隐居西湖，结庐孤山，每日清游于湖山寺观，与高僧往来唱和，二十余年足迹不到城市。他终生不仕不娶，无妻无子，以布衣终老，所以人称“林处士”。他特别喜欢植梅养鹤，人称“梅妻鹤子”。每次客人叩门相访，童子便纵鹤放飞，林和靖一见到鹤，就会划着小船归来待客。林和靖这种不慕荣利的隐逸风骨颇受时人景仰，当然也就传到了当时的真宗皇帝耳中，皇帝感到稀奇，不但给予赏赐，还下诏责成地方政府照料他的生活。据说林和靖虽然感激，但也不因此而炫耀。别人劝他借此机会做官，他谢绝。他说：“然吾志之所适，非室家也，非功名富贵也，只觉青山绿水与我情相宜。”他是诗人，但作诗随作随弃，从不留存。有人问他，为何不留下来传之后世？他说，我隐居山林丘壑，本就不想以诗来图现世之名，何况后世？当然，他不留，有人留。他大概有三百多诗留存后世，其中最有名的就是写梅花的那联：“疏影横斜水清浅，暗香浮动月黄昏。”

当然，我们不能肯定林和靖先生绝对完全就是放下了一切。但他能够放弃功名，不经营家庭子孙，只与湖山梅鹤终老，就已经相当不错了。从古到今，世上不乏假高士，沽名钓誉，附庸风雅。这种假高士，尽管看起来是远离俗世，栖息山林，终日也与琴鹤花木为伍，但实际上并没有放下世俗追求，半心半意，二心二意，有的甚至将隐逸视为“终南捷径”，经营名望，只等着庙堂相召。真正的山林高士，在古代普遍受到尊敬和景仰，有些半生不熟东不成西不就的人，也就冲着这一点，混进高士林中，装模作样，享用一些不明就里的人的羡慕眼光。而也有一等人，也许喜欢清雅的物事，但心不清雅，始终放不下世俗功名。所以，心不了的人，即便是日日湖山徜徉，琴鹤相随，但心有挂碍，魔障在抱，终不得真正的自在逍遥。

缠脱只在自心。心能放下，心清净，屠宰场也是山林，因为你的心清净。心清则一切境清。心放不下，心不清净，山林也是闹市，因为你心中欲望炽烈，万念纷飞，无数的纠结、对立、取舍留存心中，心中便如一锅热粥，热腾腾，闹哄哄。所以，世上有许多穿了袈裟、道袍的人，剃了头发的人，遁迹山林的人，他们叫僧、叫道、叫高士，但是他们只不过是凡夫俗子而已。有些出家人有大慧根，但情痴太重，终究也是未了的僧家。比如曼殊和尚，“偷尝天女唇中露，几度临风拭泪痕。日日思君令人老，孤窗无语正黄昏”。更有那一等僧人，穿上袈裟，图点名闻利养，便是终生的追求，哪管他见性不见性。倒是一些不像和尚的和尚，比如鲁智深，书不读，经不念，禅不坐，性情火爆，“杀人须见血，救人须救彻”，心地简单，无算计，无挂碍，直来直去，人家说他还真有“佛根”，《水浒》一书将他归宿到钱塘江的一座庙里，看来也不是虚话。

“缠脱只在自心”对我们现代人的启迪是，一个人被烦恼捆住，看起来是被外在的东西捆住，实际上是自己把自己捆住了。在人生所需的物质条件得到满足的前提下，人的幸福快乐，完全在于心态。心态好，粗布被窝中，心安梦稳，粗茶淡饭中，滋味无穷；心态不好，哪怕家里画栋飞云，宝马如虎，也是愁眉不展，抑郁难排。所以在我们这个“唯物”的时代里，看来还是要有一点“唯心”的智慧。

22 我们所能依归的，就是自己的内心

原文

当雪夜月天，心境便尔澄澈；遇春风和气，意界亦自冲融。造化人心浑合无间。

登高使人心旷，临流使人意远。读书于雨雪之夜，使人神清。舒啸于丘阜之巅，使人兴迈。

山居胸次清洒，触物皆有佳思：见孤云野鹤而起超绝之想，遇石涧流泉而动澡雪之思，抚老桧寒梅而劲节挺立，侣沙鸥麋鹿而机心顿忘。若一走入尘寰，无论物不相关，即此身亦属赘旒矣！

兴逐时来，芳草中撒履闲行，野鸟忘机时作伴；景与心会，落花下披襟兀坐，白云无语漫相留。

译解

雪光皎洁的夜晚皓月舒光，天地之间一片银白，人的心境也随之清明澄澈；春风吹拂之下和气融融，天地之间一片祥和，

人的情绪也随之从容舒畅。可见大自然和人的心灵，本来就息息相通浑然一体。

登上高山使人心胸开阔，临近流水使人心境悠远。雨雪之夜读书，使人神清气爽；山冈上尽情长啸，使人意气风发。

隐居山林中胸怀何其洒脱，所接触的一切物事都具有高情雅趣：看见无拘无束的孤云野鹤，就会生起超尘绝俗的念头；遇到山谷溪涧的淙淙流泉，就会生起洗涤心胸的情致；抚摸风霜中的老树和蜡梅，就会想起傲然不屈的气节操守；与天真友好的沙鸥麋鹿为伴，就会顿然熄灭机巧奸诈之心。假如我再度走回喧嚣的尘世，且不说与诸事格格不入，就连自己的这一具臭皮囊，也觉得像旗帜上的飘带一样纯属多余。

偶尔来了点兴致，脱掉鞋袜在芳草地上撒野，野鸟忘掉了被捉的危险，也飞来做伴；景与心交会相融，披着衣襟独自静坐，一片片花瓣当头落下，来去无心的白云也来相陪。

感悟

上周回农村老家接儿子。一家人团坐吃饭的时候，两只中华田园犬在饭桌下游来荡去，一只尾巴是翘着的，一只尾巴是夹着的。据老父介绍，尾巴翘着的、看起来温顺极了的那只是家里自己养的。我摸了它头，它愉快地回应。我扔了几块肉给它吃，它又愉快地享用了。那只夹着尾巴的是别人家的，据说怕极了我家的狗，因为我家的狗总咬它。我见这狗有些可怜，于是也给它一块肉。没想到我家的狗突然间以雷霆之势扑向那只狗，硬生生把肉从对方嘴里夺下，还对着那狗狂吠一顿，简直是凶狠霸蛮之极。事后，施施然回到我的脚边，温顺十足地躺下。我突然对这只狗产生了莫名的厌恶，因为我想起了有钱有势人家的恶奴的样子：对穷人凶恶万状，对主子则极尽恭顺。但讨厌了一会，看那温顺的样子，忽然又觉不是那么讨厌了。人性，这也许是人性吧。

不过，我扯到这只狗倒不是想谈什么奴性，而是想说明，狗性有凶悍残忍的一面，也有温良柔顺的一面。其实，人性何尝不是如此，大自然之性何尝不是如此，天地之性何尝不是如此。虽然儒家说，天地之间，生生之德是主流。但观察大自然，却并非我们想象的总是那样诗意盎然。地球上的生物链是残忍的，弱肉强食，充满血腥，看几次中央电视台第九频道就能感知到。人是大自然的产物，根据进化论的观点，人也是从动物进化而来，我们的祖先也曾茹毛饮血。所以人与其他动物，包括狗，都具有残忍性，只不过随着人类的发展，残忍不再表现得那么鲜血淋漓，而是包裹了一层文明的面纱，有时还温文尔雅极了。所以，天地万物是生灭同体，阴阳同体，善恶同体，人是天地万物之一，无所逃于这个规律。

古人说，天人合一，人是天的副本。按宇宙全息论来说，天地是一大宇宙，人身是一小宇宙。人们认为大地是有生命的，大自然是有生命的，天地的生命、大自然的生命和人的生命息息相通，有一种神秘的对应感，天心人心，妙合无垠。据说钱穆先生临终前说过一句话，即：我终于悟到了什么是“天人合一”。吕坤《呻吟语》云：“天地人物原来只是一个身体，一个心肠。同了便是一家，异了便是万类。而今看着风云雷雨都是从我胸中发出，虎豹蛇蝎都是我身上分来，那个是天地？那个是万物？”这句是讲，人心与天地万物之心相通，人之善恶之性与天地万物善恶之性相通。《呻吟语》又云：“凡人光明博大，浑厚含蓄是天地之气，温煦和平是阳春之气，宽纵任物是长夏之气，严凝敛约、喜刑好杀是秋之气，沉藏固啬是冬之气，暴露是震雷之气，狂肆是疾风之气，昏惑是霾雾之气，隐恨流连是积阴之气，从容温润是和风甘雨之气，聪明洞达是青天朗月之气，有所钟者，必有所似。”这句是说，人的心气秉性，与大自然的四时气象是一一对应的。另一条菜根云：“心体便是天体。一念之喜，景星庆云；一念之怒，震雷暴雨；一念之慈，和风甘露；一念之严，烈日秋霜。何者少得，只要随起随灭，廓然无碍，便与太

未到無為岸
空憐不系舟
東山白雲意
歲晚尚悠悠

虚同体。”这条是说，人的喜怒哀乐，与天象气候是对应的。天象气候多变，人的情绪也多变。天体也好，心体也好，只要变化以时，随起随灭，就是正常而无害的。

根据这种神秘的对应性，人的情绪好坏，心境清浊，与外在环境之间是相互呼应的。所以好的外境会唤起人心中与之相应的心情意绪。人不好的心境是贪嗔痴，好的心境是清净、安详、愉悦。外在不好的环境是穷山恶水，好的环境是青山绿水；外在不好的气象是暴雷阴霾，好的气象是朗月晴空。人生的本能大都在追求幸福，所以人们特别在意好的环境，人们寻找好的环境居住，寻找好的环境归隐，寻找好的环境休息，寻找好的环境旅游。面对好的环境，中国传统美学中有心与境会，物我两忘之说。内在的气场与外在的气场获得了同一性，内在的向往和外在的呈现获得了一致性，主体与客体刹那间相融相即，人心与外境就会产生邂逅相逢的亲近感，有老朋友相逢一笑，莫逆于心的感觉。“相看两不厌，唯有敬亭山。”“我见青山多妩媚，料青山见我应如是。”这就是物我两忘，情与景会。我们现代很多人，出去旅游，看青山绿水，气象万千，忙不迭就是拍照，根本不懂得用自己的心灵和天地自然之心进行情感交流，心灵互动，能量交换。

我国古代真正的隐士，大都不喜欢现实的喧嚣嘈杂，政治上的残酷倾轧，名利场上的污浊丑恶，所以宁可牺牲现实的功利追求，转而投向山林寻找一种清净、适意的栖居。他们会选择一些清幽雅致的地方，有茂林修竹，有泉涧流水，有竹篱茅舍。打理花草、抚弄琴箫、临帖读易之际，悠然便可见到南山。这些环境，必须与他们安详、宁静、适情顺意的追求相一致，相表里。他们置身于雪夜月天，当雪色的莹白与月光的皎洁交相辉映的时候，内心随之清明澄澈；他们置身于春风徐徐，和气融融的天地之中，心情变得柔软舒畅；他们登高，会感到天朗气肃，眼界荡开之际，心胸也随之爽朗开阔；他们临水，于流水潺湲之际，心境也跟着空灵、悠远；他们在雨雪天气读书，雨声滴檐，雪朵飘窗，轻灵飘逸，别有一番神清气爽的感觉；他们三两同道，随意散步，爬到一个小山丘，就会情不自禁地像阮籍和嵇康那样，仰天长啸，一吐胸中的还没有消尽的郁闷之气；他们看见孤云野鹤，仿佛从云鹤的形象中看到自己，超尘拔俗，不食人间烟火；他们遇见石涧流泉，就想到要让自己的心灵洗个澡，涤尽尘俗之气；他们遇见老树寒梅，会勾起自己心中曾有的志气节操，或许他们本来就不愿过低眉垂首的生活，所以才会来到这寂静的山林。他们放弃世俗繁华，厌恶狗苟蝇营，他们愿意随顺本心，所以他们无拘无束，自在逍遥，在芳草地上脱靴去履、打滚撒野，也没人来管束。累了，就在地上静坐一会儿，枝头飘飞的花瓣，纷纷落在头上、衣襟上。他们无争无求，没有杀机，没有烟火气，似乎林中的鸟儿感受到了，山间的麋鹿感受到了，天上白云也感受到了，于是纷纷来与之做伴，流连缱绻。他们与山林相亲，融为一体，他们损之又损，忘而又忘，精神变得简单，洁净。精神的高蹈出尘，让他们觉得这个肉身都是累赘多余了。

古圣先哲告诉我们，宇宙的本源是不动而清净的，但万象界确实是阴阳交替，二元对立的。所以，人间有真善美，也有假恶丑。所以，我们在面对现实，解决矛盾的同时，还是要多关注美好洁净的一面，多与美好洁净进行能量交换，这样才能使自己阳光而自在地生活着。我们活在现代文明的钢筋水泥丛林中，隐士山林已经与我们渐行渐远，已经很少有那些野鹤麋鹿、溪涧流泉，甚至洁净的蓝天白云来与我们心心相印能量交换了。在天人合一的互动模式中，人类越来越与天地自然疏离。我们无所依归，所能依归的就是自己的内心。滚滚红尘中，还是让我们好好修心吧。《菜根谭》也说："机息时，便有月到风来；心远处，自无车尘马迹。"

23 江山风月，本无常主，有心者便是主人

原文

风花之潇洒，雪月之空清，唯静者为之主；水木之荣枯，竹石之消长，独闲者操其权。

译解

微风中花儿姿容潇洒，雪夜里月色空灵皎洁，唯有清静的人才能成为这些美景的主人；溪流泉涧之涨落隐显，竹子树木之生长枯萎，唯有悠闲的人才能明察事物的变化规律。

感悟

人在现实中，纷杂的事务充塞人生的旅程，疯长的欲望烧灼躁动的生命，利益的取舍搅乱内在的宁静，诸多的爱恨撕扯内心的平衡。我们的内心，经常处在焦躁、波动、浑浊、杂乱的状态，以至于我们的感官变得壅塞、麻木，完全失去了审美功能，无法让内在的心灵与外在的世界进行充分的信息和情感交流。除了生命中孜孜以求心心以念的功利性目标，人完全忘

记了我们身边这个美好大自然的存在。

春风徐徐吹拂，花儿轻轻摇曳，姿容何其轻灵潇洒，令人顿生怜爱之意。但利欲中人，恐怕没有这个情怀。大自然就在那儿，无边的风月就在那儿，春山澹冶如笑，夏山苍翠如滴，秋山明净如妆，冬山惨淡如睡，美好的景色随着四季的轮回呈现出千变万化的神色姿容，但诸欲缠心、百务缠身的人，却无缘大自然投射过来妩媚的眸光。风月江山，本无常主，任他一代代强梁在名分上抢来抢去，但江山就在那儿，搬不走，携不去。真正能为江山之主的人，是那些超然物外，内心清静，意态悠闲的人。唯其清静，才能细腻感受天地宇宙的变化律动；唯其清闲,才有足够的心思来体味江山风月的韵律情味。所以风花雪月,唯静者为之主，天地万物，唯闲者操其权。从这个意义上来说，江山天下何必去抢去占，有心有闲的人纳万境于胸，收万物于心，自足自适，自得其乐，何其洒脱，何其自在！

民国才女冰心，曾经这样写雪月之夜："今夜林中月下的青山，无可比拟。仿佛万一，只能说是似娟娟的静女，虽是照人的明艳，却不飞扬妖冶;是低眉垂袖，璎珞矜严。流动的光辉之中，一切都失了正色：松林是一片浓黑的，天空是莹白的，无边的雪地，竟是浅蓝色的了。这三色衬成的宇宙，充满了凝静，超逸与庄严；中间流溢着满空幽哀的神意，一切言词文字都丧失了，几乎不容凝视，不容把握！"这样空明澄澈的雪月之夜，她认为，既不适合将军夜猎，爱友话别，也不适合高士徘徊，美人掩映。她写道："今夜的青山只宜于这些女孩子，这些病中倚枕看月的女孩子。假如我能飞身月中下视，依山上下曲折的长廊，雪色侵围阑外，月光浸着雪净的衾绸，逼着玲珑的眉宇。这一带长廊之中，万籁俱绝，万缘俱断，有如水的客愁，有如丝的乡梦，有幽感，有彻悟，有祈祷，有忏悔，有万千种话…… 山中的千百日，山光松影重叠到千百回，世事从头减去，感悟逐渐侵来，已滤就了水晶般清澈的襟怀。"读这样的冰雪文章，让我感觉到，只有冰心这样病中倚枕看月、内心细腻多感的女子，才能真正拥有并融入这片雪月青山，这个庄严华妙的世界。而那些交际场上珠光宝气的名媛，那些生意场上风风火火的白领，是没有这个缘分和福分的。

年轻的时候，喜读《牡丹亭》。除了从中读到了感天动地的爱情之外，我还读到了古人的细腻从容，一窥小农时代田园牧歌式的生命过程和心灵频率。其实人人心中都有一座山水园林。现代社会讲求效率，一切都是匆匆，时间被算计得无丁点余漏，就连谈情说爱都是三言两语便速战速决。我们龟缩在高楼写字间里，行走在最深的红尘里，不觉春来秋去，不知沧桑几度，有多少人能打开心中那座山水园林？特别喜欢昆曲《游园惊梦》一折。“袅晴丝吹来闲庭院，摇漾春如线，停半晌，整花钿，没揣菱花，偷人半面，拖逗得彩云偏，步香闺怎便把全身现！”游园前一刻，还在闺房里，杜丽娘就感受到了春天的美好，心情雀跃。空中晴丝袅袅，吹面而来，摇摇漾漾，若有若无，就跟丝线一样。她稍稍停下，扶整一下头上的花钿，不经意地看了一下菱花镜，却好像是看到菱花镜在偷看她一样，害得她连忙躲闪，连青丝发髻都弄偏了。我们现在感受晴天，晴天就是晴天，完全是气象意义上的感知，而杜丽娘则能感受到晴春里虫子吐出的游丝，宛如内心丝丝缕缕的无名情思。“踏草怕泥新绣袜，惜花疼煞小金铃”，进入园林，丫鬟春香踩在草地上，为眼前的美景而欣悦，但又担心自己漂亮崭新的袜子被泥土弄脏了，花儿开得如此美丽，园丁们在花梢上挂上金铃以惊鸟雀，但小丫头又担心小金铃把美丽的花儿拉疼了。想想我们现在有没有这样的惜花心情。

“不到园林，怎知春色如许”，进入园林，杜丽娘心意百转，感慨万千。“原来姹紫嫣红开遍，似这般都付与断井颓垣，良辰美景奈何天，赏心乐事谁家院”，我们在断井颓垣上看到姹紫嫣红，一般不会有什么特别的感觉，但在杜丽娘眼中，这样的花花草草，无人怜惜，无人欣赏，却让断井颓垣陪伴它，联想到自己二八芳华，却只能在闺房空老，不由得心意寥落，闲愁万端。作为现代人来讲，我们为了物质，为了欲望，竞奔追逐，心心念念，都是算计，语默颦笑，都是做戏，不经意间，把自己的内心变成了某种意义上的断井颓垣，一任重门深锁。你看这景致多美呀，“朝飞暮卷，云霞翠轩，雨丝风片，烟波画船，锦屏人忒看得这韶光贱”，对锦屏遮掩的闺中人来讲，大好韶光根本就在锦屏之外，不是不爱春，而是春与她无份。所以杜丽娘心里百转千回，不能自已。对我们来讲，我们是自由人身，有的是假日，春天殷勤而来，秋天萧然而去，我们完全可以去融入它，拥抱它，但我们有几人能随着大自然的律动而唤起心中那份审美的情怀呢。“遍青山啼红了杜鹃，荼蘼外烟丝醉软，那牡丹虽好，它春归怎占的先！闲凝眄。生生燕语明如剪，呖呖莺歌溜的圆”，你看，杜鹃啼红了青山，空中的丝絮如醉酒的人一般轻软，燕子的叫声如剪刀裁剪般爽利，黄莺的啼鸣是那样地圆润。越是景致好，杜丽娘心里就越萧索，如花美眷，似水流年，自己的青春，有谁可托付呢？“便赏遍十二亭台亦枉然！”心意寥落之间，她回到了房间，并由此遁入缠绵的梦中世界。面对大好春光，不管是如何心意寥落，但杜丽娘还是款款细腻地听到了春天，看到了春天，呼吸到了春天。用感官，用心灵，用少女情怀，调动了一切因素来融入春天，拥抱春天。

人总追求结果，实际上，结果并不是最美好的，就如《牡丹亭》这出戏一样，结局是平庸的才子佳人大团圆，并不足为人道，最动人的是过程，是那精致繁复、感天动地的过程。我想，人生也是如此，为了结果忽视过程是可惜的。所以，放缓我们急匆匆的步履，砸开物质和欲望的锁链，打开鲜活丰富的心灵，去从容地感知这个有情世界，从容地感知春花秋草、夏雨冬雪、鱼跃鸢飞、蝉鸣蛩吟，从容地感知生命中的美好，这样，我们才是生命的主人，江山的主人。

24 遥望齐州九点烟，一泓海水杯中泻

原文

心旷，则万钟如瓦缶；心隘，则一发似车轮。

译解

胸怀旷达的人，万钟财富会被看成贱如瓦器；心胸狭隘的人，一根毛发会被看成粗如车轮。

感悟

《楞严经》云："阿那律见阎浮提，如观掌中庵摩罗果。"阿那律是佛弟子中天眼第一者。阎浮提，就是我们这个世界。阿那律以天眼看我们这个世界，就好像看手中的庵摩罗果一样。佛家确实很神奇。咱们所在的地球，古人并不知道是一个球，而在佛家天眼，早就看出了阎浮提世界是一个圆形之物。佛家最具宇宙意识，佛家的宇宙观深邃浩渺，三千大千世界，致广大而尽精微。在一个心与宇宙合而为一的觉悟者心中，三千大千世界，都是微尘。说阎浮提世界是庵摩罗果，已经是比较客

气了，已经考虑了当时地球人的心智水准和接受能力。

唐代李贺《梦天》诗云：“遥望齐州九点烟，一泓海水杯中泻。”意思是说：从天上遥望中国九州大地，小得就像九点烟尘在浮动。而浩茫无边的大海，也只不过像杯子里倒出来的一汪清水一样。李贺是少年高才，人称“鬼才”，但却命途坎坷，二十七岁便去世了。李贺的诗多奇诡的想象，《梦天》一诗便是想象自己飞到天上去了，俯瞰人间的一切，觉得如此渺小。

中国古代云贵一带有国名夜郎，秦帝国使者到了这个地方，夜郎国王不无得意地问使者：夜郎国和大秦国，谁大？从来，小者处于小中，从来不觉其小。就像庄子笔下的蛮触二帝国的国王一样，都以为自己国土广大，天威远被，而且两个国家还经常“时相与争地而战，伏尸数万”，其实，这触蛮两帝国，不过是蜗牛身上的两只角而已。

佛者的心胸，广大如须弥，细微如芥子，须弥含芥子，芥子纳须弥，巨细大小，可以不可思议地涵容，重重无尽。所以，佛者的心，是没有障碍的，你大他更大，你小他更小，没有什么东西可以裹住他，没有什么东西可以拦住他，来去自在，无所挂碍。所以，佛者是没有烦恼的。而仅仅活了二十七岁的李贺，一辈子愁苦万端，但他能够写出“遥望齐州九点烟，一泓海水杯中泻”这等特大气魄的句子，则证明被命运捉弄的李贺，被现实的大石块压得死死的李贺，还是能够在苦闷的现实人生中，挣脱着把心放出来，探寻旷达而浩渺的世界，忘却并超越这个卑苦无告的肉身。

李贺《梦天》诗中还有一句："黄尘清水三山下，变更千年入走马。" 意思是说：传说中的那三座仙山之下，沧海变成桑田，桑田又成桑海，千千万万年以来，变幻无常，疾如骏马。在李贺心中，其实也明白了，像别的读书人一样，他曾经一心向往的一切，比如霸业呀，功名呀，其实也是 Hold 不住的东西，就如沧海桑田，变化无常，快如走马。

人们生于红尘，长于红尘，在红尘中纠缠不息，陷入太深。财产呀，名誉呀，爱情呀，面子呀，得失呀，样样都在意，样样都舍不得，化不开。其实，这红尘也就是个庵摩罗果，也就是个触蛮国而已。

25 花落无声，云飞无迹

原文

士君子持身不可轻，轻则物能挠我，而无悠闲镇定之趣；用意不可重，重则我为物泥，而无潇洒活泼之机。

译解

君子处事要从容镇定，不可轻浮急躁，轻浮急躁则容易受到外物的困扰，从而失去淡定悠闲的情趣；用心不宜过于执着，过于执着就会受到外物的束缚，从而失去潇洒活泼的生机。

感悟

明清时代读书人修身，融合了儒家的庄重端严和禅宗的圆活机趣，既要端庄，又不能流于刻板枯燥；既要活泼，又不能流于圆滑机巧；既要躬身入局积极入世，又要懂得超然物外安顿此心。另有一条菜根“操存要有真宰，无真宰则遇事便倒，何以植顶天立地之砥柱。应用要有圆机，无圆机则触物有碍，何以成旋乾转坤之经纶”，可与本条互为参证。

作为有修养的君子，要熟读圣贤经典，掌握微言大义，涵养道德情操，这是根本，也就是说，要在心中植入并坚固信仰。信仰在心，心决定行，体现在接人待物，就有守有为有理有节。如果修身功夫不到家，内无真宰，轻浮急躁，就会遇坚则破，遇物则倒，碰到美味就会口水欲滴，碰到美色就会意乱情迷，碰到财宝就想攫为己有，碰到危险就会魂飞魄散。内心被外物搅得心神不宁，当然就体会不到悠闲淡定的情味，花落有声，他听不到，云飞无迹，他看不到。佛教讲有修为的人“八风吹不动”。虚云大师说：“中下根人，常被境风所转”，“境风有八：利、衰、毁、誉、称、讥、苦、乐。行人遇着利风，便生贪着；遇着衰风，便生愁懊；遇着毁风，便生嗔恚；遇着誉风，便生欢喜；遇著称风，居之不疑；遇着讥风，因羞成怒；遇着苦风，丧其所守；遇着乐风，流连忘返。如是八风飘鼓，心逐境迁，生死到来，如何抵敌？”

作为有修养的君子，也要有佛家“不粘不缚”的智慧。也就是说，不执着，不钻牛角尖，不一条道走到黑。比如，不要心思过重，一件事每天都在思虑算计中，茶不思，饭不想，吃不好，睡不着，翻来覆去，左右掂量，反而会观察失真，判断失准；不要功名心过重，功名心过重，就会急于求成，急于求成则必定思虑不周准备不足，实施过程中荒腔走板急躁冒进，结果反而是欲速则不达；不要用情过重，用情过重则疑神疑鬼无端猜忌，这样反而容易招致恩断情绝。如果能在为人处事中注入一些禅意，注重过程，把握当下，不刻意强调结果，打开被目标感得失心死死困住的心灵之门，让一颗心自在舒张，这样，智慧就容易找上门来，所谓福至心灵，无所求而有所得。

第二卷

人淡如菊

26 素琴横月，人淡如菊

原文

神酣布被窝中，得天地冲和之气；味足藜羹饭后，识人生淡泊之真。

斗室中，万虑都捐，说甚画栋飞云，珠帘卷雨；三杯后，一真自得，唯知素琴横月，短笛吟风。

译解

粗布被窝心安梦酣，能得到天地之间冲和元气；粗茶淡饭香甜十足，方识得淡泊生活真正滋味。

身居斗室之中，快活自在了无牵挂，不稀罕珠帘暮卷西山雨、画栋朝飞南浦云；三杯淡酒下肚，随顺本性自得其乐，我只管一张素琴横夜月，三尺短笛吟晓风。

感悟

有些人，即便是睡在总统套房里，也是翻来覆去睡不着，想必被窝里的夜气就不是什么天地冲和之气，而是一窝子焦躁烦恼之气了。有些人，即便是天天山珍海味，但还是闷闷不乐，根本感觉不到这些鲜美之物的味道。而有些人，即便是睡在茅草屋里，也能呼呼大睡，大雨浇不醒，天雷震不醒。有些人，即便是天天青菜豆腐，豆腐青菜，也是有滋有味，其乐陶陶。所以，真正的人生快乐，与物质财富、权势地位没有必然的关联，而是关乎一种生命态度。

中国的儒道佛几乎都认为真理存乎内心，内在的价值必须在淡泊中寻。儒家有一派认为心是德行之源，要通过主静立诚、修身养性来获得道德本心；佛家认为自性清净，要通过清除心灵的尘垢来证得；道家之道，要通过致虚极，守静笃来抵达。三大派都强调价值的内在性，都强调心性淡泊。但儒家讲淡泊，是一种功利性的淡泊，目的是向内求德行圆满，德行圆满后，就要向外建功立业。佛家讲淡泊，目的是向内求超越，自我实现超越后，还要向外度众生，目的是成佛做祖。佛家讲淡泊，还有一个目的，就是离情绝欲，少杀生造孽，在轮回路上找一个好去处。所以，佛家的淡泊从某种意义上说，多多少少也还带点功利性；而唯有以老庄为代表的早期道家，以大道为本，以天性为贵，以自然为法，主张随顺本性，无为自化，齐同万物，逍遥自在。老庄安于淡泊、随顺本心的逍遥之道，成为中国知识分子安顿心灵的精神家园，成为后世许多人追求和向往的生命态度。

老庄哲学虽然没有佛家那么体系森严，思辨精微，生前 死后安排了那么多去处，但老庄的人生态度是最洒脱自在的了，不想成佛做祖，不问六道轮回，不求建功立业，不图富贵荣华，仿佛淡泊逍遥、随顺本性本身就是目的，工具性和目的性得到了高度统一。就如庄子，活着时蔑视富贵，随顺本心，逍遥自在，独与天地精神往来，死了就当作回归宇宙天地这个大故乡，也不去细究死后上天堂抑或是下地狱，不计较死后的肉身是老鹰吃还是虫子咬。这种洒脱，应该是彻底的洒脱了。不管生前，不顾后世，只管当下的心灵逍遥。而学佛的人，有成佛的目的性在，有上天堂的目的性在，有往生极乐的目的性在，所以怕这怕那，忌讳这忌讳那，这个不能说那个不能吃，所以终归有所挂碍有所执着，尽管他们所执着的追求必须通过不执着的态度来实现。道家成了道教之后，也有了长生不老，成仙得道的执着，所以洒脱程度也远远比不上早期道家了。倒是后来的禅宗，心无挂碍，随缘自在，与老庄态度颇为合拍。

魏晋时代，玄风炽盛，许多名士以追求道家的率性无为为时尚。比如嵇康，长得一表人才，更兼才华横溢，是统治阶层招揽的对象。但嵇康却一心追求清净自然、随性自在的人生，宁愿打铁，也不愿做官。官员去找他，他不理，让人家"闻所闻而来，见所见而去"。朋友山涛与世俗权贵眉来眼去，他看不惯，一纸绝交书就抛过去了。当然，嵇康所处的那个险恶世道，并没有给他留下一个逍遥的空间，最终他还是以"不事王侯、言论放荡、非毁典谟"等莫名其妙的罪名，被当朝杀了，留下"广陵绝响"千古遗憾。可见，在这个世道上，要实现绝对的逍遥自在，那是相当困难的。但嵇康所代表的这种生命态度，还是非常令人神往的。所谓：虽不能至，心向往之。越不能至，越向往之。

确实，人要是真正学到了老庄的精神，真正实现了心灵的无挂碍，那么，随心到处，便是楼台。就如陆游所云："君能洗净世间念，何处楼台无月明。"一个人心无挂碍，在哪里都心安梦稳，快活自在，哪怕是住茅棚、露宿街头；一个人如果万事缠心，百忧不解，即便是他家广厦万间，画栋连云，也是个焦忧愁苦的命。一个人如果能够听从心灵的呼唤，随顺自己的本心本真，以清净为乐，以淡泊为安，以简单为高，那么一张素琴，三尺短笛，一轮明月，几缕清风，三五素心人，三杯两盏淡酒，便会给人带来无穷的快乐，哪里需要什么妖歌艳舞，急管繁弦，声势烜赫，富贵泼天。

一年春尽一年春
野草山花几度新
天晓不因钟鼓动
月明非为夜行人

27 清水出芙蓉，天然去雕饰

原文

文以拙进，道以拙成，一拙字有无限意味，如桃源犬吠，桑间鸡鸣，何等淳庞。至于寒潭之月，古木寒鸦，工巧中便有衰飒气象矣。

译解

以拙朴的手法做文章才有长进，以拙朴的方式学道才有成就。一个拙字，有着无穷的意味。就像世外桃源的犬吠，阡陌桑间的鸡鸣，是何等淳朴的景象。至于寒潭明月倒影，古藤老树昏鸦，虽然句子工巧雅致，但给人以萧条冷清的感觉。

感悟

人都说单个的中国人聪明，特别是像上海这样大商埠的人尤其聪明，小脑袋瓜特别灵动，一件事情的得失利钝，三下五除二就可算清楚。而那些脑袋瓜慢三拍的人，会被讥讽为“拎不清”、“十三点兮兮”。所以上海人不太会吃亏，特别是不吃小亏。至于大亏，那就好难说了。所以像“拙朴”这种个性，像郭靖这样的人物，在现代社会是没有市场的，绝没有黄蓉这样的尤物找上门来，除非你是特别有背景的官二代、富二代。

尽管“拙朴”这种价值观一直被世人所倡导，但从古到今，各种牛人大都还是聪明人。在人间世上，有两种价值：一种是用来向往的，或者用来教育人的理想价值，比如拙朴、洁净、高尚；一种是用来实用的，大家心照不宣的现实价值，比如精明、灵活、讨巧。人人都说拙朴好，但在现实生活中，老实人往往吃亏，聪明人往往得便宜。所以在中国，做官的人，特别是掌管各类肥缺的人，做生意的人，特别是做生意发财的人，都是聪明人。所以中国人，人人精明无比，人人锱铢必较，但人人都说老实好。其实，说老实好不是说自己要老实，而是巴不得别人都老实，这样自己才好做官，好发财。就像高调倡导“存天理、灭人欲”的理学家一样，他只希望别人如此，而自己呢，天理可以天天不理，但人欲却天天不能灭，或许还来一点男盗女娼般的新鲜刺激感。

还是说文风。古人做文章，风格很多，拙朴是其一种。以拙朴的手法写文章，就是老实、自然、不花哨、不雕琢。清水出芙蓉，天然去雕饰。拙朴的文章，有思想，有内容，但形式不一定好看，读起来不一定滑溜。《诗经》里面的一些篇章可以说是拙朴，原始初民们的头脑毕竟要简单一些。比如《女曰鸡鸣》：“女曰鸡鸣，士曰昧旦。子兴视夜，明星有烂。将翱将翔，弋凫与雁。弋言加之，与子宜之。宜言饮酒，与子偕老。琴瑟在御，莫不静好。知子之来之，杂佩以赠之。知子之顺之，杂佩以问之。知子之好之，杂佩以报之。”大意是：妻说公鸡打鸣了，夫说天色还没亮。你快起床看天色，启明星星光明亮。水鸟快要飞出来，去射野鸭和大雁。射中野鸭和大雁，同你一起做美餐。共享佳肴饮美酒，与你恩爱到白头。弹琴鼓瑟相唱和，生活宁静又美好。我知你性本勤勉，把我佩饰送给你。我知你心善体贴，把我佩饰赠给你。我知你对我恩爱，送我佩饰报答你。可说是语言拙朴，意思也拙朴，无外乎小户人家平淡日子、真心相爱。陶渊明的诗也算得上拙朴。其《归园田居》诗云：“少无适俗韵，性本爱丘山。误落尘网中，一去三十年。羁鸟恋旧林，池鱼思故渊。开荒南野际，守拙归园田。方宅十余亩，草屋八九间。榆柳荫后檐，桃李罗堂前。暧暧远人村，依依墟里烟。狗吠深巷中，鸡鸣桑树颠。户庭无尘杂，虚室有余闲。久在樊笼里，复得返自然。”菜根所云“桃源犬吠，鸡鸣桑间”，大概是对陶渊明《桃花源记》《归园田居》的综合提炼。陶渊明的诗文的确当得上“拙朴”二字，是这一文风的典范，可惜真正能欣赏陶渊明的人太少，别看他在文学史上大名鼎鼎。人心浮艳，人们大都爱读艳辞丽句，言情武打，盗墓玄幻之类矫揉造作、胡编瞎造的东西。

再说学道。老子很提倡绝仁弃义，绝巧弃智，见素抱朴，少私寡欲。《老子》二十章云：“众人熙熙，如享太牢，如春登台。我独泊兮其未兆；沌沌兮，如婴儿之未孩；儽儽兮，若无所归。众人皆有余，而我独若遗。我愚人之心也哉！俗人昭昭，我独昏昏。俗人察察，我独闷闷。澹兮，其若海；飂兮，若无止。众人皆有以，而我独顽且鄙。我独异于人，而贵食母。”意即：众人熙熙攘攘、兴高采烈，如同奔赴盛大宴席，如同春天里登台眺望。而我却独自淡泊宁静，无动于衷。混混沌沌啊，如同婴儿还不会发出嬉笑的声音。疲倦闲散啊，好像浪子还没有归宿。众人都有所剩余，而我却像什么也不足。我真是只有一颗愚人之心啊！大家都神采奕奕，唯独我迷迷糊糊；大家都精明苛察，唯独我淳厚宽宏。辽阔呀，好像无边的大海；飘荡呀，好像无所栖息。世人都精明灵巧有本领，唯独我愚昧而笨拙。我唯独与人不同的，在于我得到了“道”。

寒潭之月，古木寒鸦，是古代诗文中常见的意象。比如“江潭落月复西斜”，比如“枯藤老树昏鸦”，语言很工巧，意境也很深邃丰富，但给人的感觉是一种衰飒的气象。所以说，还是拙朴好。

28 一切有为法，如梦幻泡影，如露亦如电

原文

莺花茂而山浓谷艳，总是乾坤之幻境。水木落而石瘦崖枯，才见天地之真吾。

译解

春花繁茂，莺燕呢喃，漫山遍野美丽鲜艳，不过是宇宙天地的虚幻景象；秋风萧瑟，黄叶凋零，水落江渚崖枯石瘦，这才是宇宙天地的本来面目。

感悟

日月流转，四季轮回，离离原上草，一岁一枯荣。佛家说，宇宙万象从现象上来看是有，从本质上来看是空。一切的一切都是空有一体，所谓空即是色，色即是空。当然，佛家所云空，是真空不空，这个空可以孕育万有，万有又经过成、住、坏、空，又回归于真空，如此循环不已。

莺花茂山浓谷艳是暂时的，是春天才有的景象，而春去秋来，繁华褪尽，剩下的是水落石出，石瘦岩枯，这才是繁华表象背后大自然的真相。朱熹诗：“木落水尽千崖枯，迥然我亦见真吾”。以水瘦岩枯为“真吾”，其实是比喻，“山浓谷艳”比作现象，“水瘦崖枯”比作本质。也就是说，人不能被现象所迷惑，而应该透过现象把握本质。对人生来说，荣华富贵、子女衣帛终归虚幻，赤条条地来去才是真实。对人心来说，情志念想不是心的真实，被情志念想遮蔽的那个清净不动的东西才是真实。

一切色境都是空境。从本质上来说，山浓谷艳，石瘦崖枯，都是空。《金刚经》说，一切有为法，如梦幻泡影，如露亦如电。山浓谷艳最终要凋落，石瘦崖枯最终也要成灰。人世间的一切，比如青春、美貌、权势、财富、亲情、友爱等，亦复如是。所以对现象不能执着，因为执着，所以就有失去的痛苦；因为不执着，所以就有超脱的潇洒。不执迷于现象，就要把握本质。把握本质就是证悟大道，证得大道的，如佛陀，入于不生不灭，远离恐怖挂碍，颠倒梦想；如庄子，朝彻见独，物我合一，齐同生死，鼓盆而歌；如禅者，四大本非我，五蕴本来空，将头临白刃，犹似斩春风。人世间最大的问题莫如生死，生死都能如此洒脱自在，还有什么不能看破放下。当然这不是人人都能做到的。

对这个本质、大道，一般人人难以证入，但可以理入。人若懂得这个道理，就会明白，人世最可宝贵的不是青春美貌，名利地位，因为这些东西转瞬即逝，虚幻不实，我若存有死不放手的心，便有绵绵不尽的痛苦，因为不管我等放不放手，这些东西都要失去，只是来早与来迟。而人世间值得去把握的，是道，是本质。“穷衲子，口称贫，元是身贫道不贫。”从理论上来说，佛家也好，道家也好，都认为宇宙天地有一个不生不灭的本质，在每个人的内心都存在，所以人们在追求外在的声色货利的时候，不能忽视内心这个“宝藏”，向外求，更要向内求，也就是说，人生的幸福在对外求物质的同时，更要向内求得内在的丰盈，自在，安详。

29 平静的心态包藏着一个炽热的欲求

原文

钓水，逸事也，尚持生杀之柄；弈棋，清戏也，且动战争之心。可见喜事不如省事之为适，多能不如无能之全真。

译解

水边垂钓，是一件安闲的事情，但其间也掌控着鱼的生死；推枰弈棋，是一种清雅的游戏，但其间也弥漫着争斗之心。由此可见，多事者不如少事者那么安详适意，多能者不如无能者能够保全天性。

感悟

钓鱼和弈棋，一直以来是人们修身养性的手段。比如下野的屠夫，失意的政客，人老珠黄之后的名花等等。其实这两样物事，不过是人类原始的杀机和好斗之心的一种静态化和风雅化而已，似乎修不了什么心养不了什么性，充其量是一种人类欲望的心理补偿和宣泄而已。钓和弈的本质，是平静的心态包

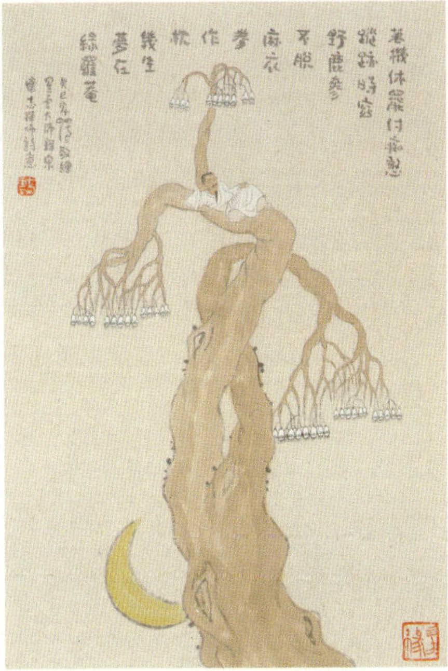

藏着一个炽热的欲求。

据说，世界上有许多天才，要么成为科学家艺术家，要么成为屠夫恶魔，不然就会成为疯子，他总要有一个宣泄满足的途径。有人说，希特勒本来的志愿是成为一个画家，但他考皇家艺术院没有被录取。如果他考上了，也许在艺术上得到宣泄，就不会成为杀人狂魔了。也许，德国皇家艺术学院的肠子都悔青了。

但不管怎样，在钓和弈中满足杀灭欲和占有欲总比在现实中去杀去抢好，好歹是人类文明的进步。所以希望那些权势欲、杀人狂都能去钓鱼，下棋，而不要在现实中穷折腾，瞎折腾，折腾得天怒人怨。

菜根认为，事与欲，能与欲，是天生的伴侣。所以，要保持自在安详、不为物牵、不为欲狂的心态，就要少惹事，或者做一个笨人。当然，这对个体人生的安逸来说，是一个不错的态度或选择，但对群体人生来说，都不做事，都充傻子，那似乎有些不妙，怕人类要退化了。按进化论的说法，人由猿猴进化而来就是因为劳动，猿学会利用工具，从此“人猿相揖别”。毕竟地球上几十亿人口，要养活自己，要现代化，要提升生活品质，都用得着勤奋的人和聪明的人。

从心理学上来讲，好事与不好事者可能与人的性格类别有关，多能与无能者与其先天禀赋有关。学者赵鑫珊研究认为，大凡历史上能成就事情的人，多有强迫症症状，偏执症状，他们自己想让自己停下来，可自己就是停不下来。有的为了把手洗干净，不停地抹肥皂，直到把手擦出血来；有的为了心中的目标和理念，不到长城非好汉，不屈不挠，百折不回。他认为，凡是有着崇高历史使命的人，都有些强迫症状。所以，喜欢做事的人，你不让他做事，他会出精神病。我记得有次搬家，找了一个老民工，与他聊天得知，他家条件甚好，子女有体面的工作，本不需要他去卖苦力，但他说，如果不出去干活，他的骨头会发痒，身体会生病。所以对能力强的人要给他们舞台，把他们引到正途去折腾，否则，有能力的人干起坏事来，杀伤力更强。

菜根说这个话，不是没有一点道理，想必是总结血淋淋的历史得出来的结论。但凡好事，则好折腾，折腾得好，是造福；折腾得不好，是祸害。而能力强的人，多半企图心强，欲望强，要么企图事业，要么企图权色，总之都不是省油的灯。所以我们痛恨贪官淫官，但也难以否认，贪官淫官欲大，魄力大，办事能力强。庸碌的官，未必敢贪敢淫，敢杀敢砍。古往今来，造恶的，出头的，都是多事、多能、力比多分泌比较旺盛的人，而往往这些人，不一定有好下场，所以菜根谭主心有余悸地说：与其多事，不如少事；与其聪明，不如傻蛋。苏东坡也说：惟愿孩儿愚且鲁，无灾无难到公卿！

30 人生有味是清欢

原文

争先的径路窄，退后一步自宽平一步；浓艳的滋味短，清淡一分自悠长一分。

译解

越是争先恐后，路途就越狭窄，后退一步，路途自然宽平；越是浓烈厚重，味道就越寡淡，清淡一些，回味自然悠长。

感悟

这个星球，人人都在争，争得太厉害了，所以就有了得失祸福，就有了战争灾难。毫无疑问，只要大家不那么拼死去争，多多去占，这个世界要养活几十亿人，这个世界要和平安宁，并不是难事。这个星球，孔武有力的，都在争，宜将剩勇追穷寇；悲天悯人的，都在劝，少争一些呀，要可怜亿万黎民苍生。可惜，悲天悯人者，声音多么无力；孔武有力者，并不怜悯苍生。

争先的，并不总如《菜根谭》中所说的，越争路越窄，有时候，越争是路越宽。比如说，争天下的人拿下了一个战略要点，就成为全盘胜利的基础和突破口；比如，高考竞争获胜，就能上大学，找一个好工作，人生路越走越宽。这些是对强者而言的，越争就越有利。但强者毕竟是少数，弱者是多数。《菜根谭》悲天悯人，是为弱者发声。对弱者来说，你争不过别人，你就会被挤下独木桥，你就会惹来杀身之祸，所以你还是别争为好。比如说，皇帝只有一个，争皇帝的十八家反王就有十七家要落败，那么这十七家都有杀身之祸。单位上只有一个一把手，那么多人要去争，只有一个获胜，剩下的就会气愤不平，心态不好。在争的过程中，难免明枪暗箭，上下其手，这样又会得罪这个唯一的一把手，以后的日子就会难过。

所以从结果上来看，争先的人的确是落败的、有凶险的人更多。从这个概率来说，争强好胜的确是不划算。但是，在争之前，在争的过程中，有几个人会认为自己就一定落败？所以这个世道争的人多，打翻在地的人也多。当然，能够审时度势，能够掂一掂自己的斤两，能够及时抽身，能够急流勇退，从而获得大安乐的人，历史上也是有不少的。但更多的人是争先恐后，前仆后继，如同飞蛾扑火，灯下是一堆又一堆的虫尸。所以对绝大多数人来说，还是可以认真审视这个概率，理性管控自己的欲望，争，是一条凶险

的活路，在人生的许多关头，还是可以采取以不争为争的方式：放下来神清气爽，退一步海阔天空。但是，不争就会被人统治，不争就会被人欺侮，不争就会被人剥削，却也是不争的现实。“欲寄君衣君不还，不寄君衣君又寒。寄与不寄间，妾身千万难。”我这里是：争与不争间，兄弟我千万难。争与不争间，还是要看具体情境，用理性去分析，用智慧去选择。

浓艳的滋味短。浓艳大盘的牡丹，有鲜艳而无味道；细小如粒的桂子，其貌不扬却幽香四溢。我们的生活感受是，如果吃了极甜的东西，接下来嘴巴就会发苦；吃了味道特别重的东西，吃过之后嘴巴就感到寡淡。如果你去酒吧狂欢一夜，那独处时就会感到特别空虚；如果生活中碰到一件极乐的事，狂喜之后，内心会觉得特别轻飘而无法定静。所以，越是浓艳滋味越短。一杯清淡的下午茶，细细品味，会觉得滋味悠长；一个周末读书日子，很是清闲，也很是有味道。总之，淡烟疏柳，蓼茸蒿笋，人生有味是清欢。人生的真谛，是平凡和平淡，是日常的小快乐，日常的小幸福，这样的东西最容易得到，也最容易久长。

31 有物混成，先天地生，寂兮寥兮，独立而不改

原文

人心有个真境，非丝非竹而自恬愉，不烟不茗而自清芬。须念净境空，虑忘形释，才得以游衍其中。

译解

人心中有个真实澄明的境地，无须丝竹管弦而自然恬适愉悦，无须檀香茗茶而自然清新芬芳。必须念头清净，心境空灵，忘了忧虑，身无束缚，如此这般才能悠游于这个美妙的境地之中。

感悟

所谓真境，就是佛家的佛境，禅家的禅境，道家的道境，等等。也就是宗教家、哲学家所追求的那个终极之境界。有人说，一千个人读《哈姆雷特》，就有一千个不同的哈姆雷特。但是从哲学、宗教的角度上来讲，世界上的终极真理却只有一个。但不同的宗教，不同的哲学对这只有一个的真理却有不同的理

解、不同的说法。

这只有一个的真理，释迦牟尼名之为“佛性、法界、妙明真心、阿耨多罗三藐三菩提”等。这个境界，是不生不灭，非有非空，不垢不净，不增不减，是绝对泯除了对立矛盾的境界，是世界上一切万有的根源，无不从此法界流，无不回归此法界。这个境界是不可思议的，是不能以世智辨聪求得的，必须发大誓愿，行六度（布施、持戒、忍辱、精进、禅定、般若）万行，截断妄流，当下清净，才能证得。

这只有一个的真理，老子名之为“道”。“有物混成，先天地生，寂兮寥兮，独立而不改，周行而不殆，可以为天下母。”这个绝对的东西，它在宇宙没有生成之前就存在，将来宇宙毁灭了，它也存在，它是独立而不改的。这个东西禅者说“说似一物即不中”，老子说“道可道，非常道”。如何得“道”，老子说“致虚极、守静笃”，庄子说“心斋、坐忘”，也就是说人处于极为虚静，极端空灵的心态下，方可一见端倪。人问庄子：“道在何处？”庄子答曰：“道在屎溺。”僧问云门：“什么是佛？”云门回曰：“干屎橛。”难道这两位老兄是在开玩笑吗？非也。道无所不在，无处不在，在天在地，在心在物，竖穷古今，周遍太虚。

这只有一个的真理，基督教目之为“上帝”。佛教认为这个世界没有绝对的主宰，一切都是“缘起”，一切都是“业力”，佛祖本人也阻挡不了本族被灭绝的业因果报。佛只是觉者智者不是造物主救世主，而基督教认为上帝是万能的神，是万有的创造者和主宰者。上帝第一天创造天地，分开白天和黑夜，第二天创造了空气和水，第三天创造树木、水果等植物，第四天创造了日月星辰，第五天创造了天上飞的、水里游的、地上走的各种动物，第六天上帝照自己的模样创造了人。如果从佛家的角度上来讲，上帝并非宇宙的终极真理，上帝，相当于佛教十法界中“天”道的主宰者“帝释”，也就是中国传统神仙体系中的“玉皇大帝”。

佛经《起世经》云："彼梵世中，有一梵王，威力最强，无能降者，统摄千梵自在王领，云耳我能作、能化、能幻……"，这个能作世间，能化世间的梵王，可能就是"上帝"。佛家的十法界为：佛、菩萨、声闻、缘觉、天、修罗、人、畜生、饿鬼、地狱。由此可见，上帝属于十法界中的第五界的统治者。

这只有一个的真理，伊斯兰教称之为"真主安拉"，犹太教称之为"耶和华"，婆罗门教称之为"湿婆"，黑格尔称之为"绝对理念"，朱熹称之谓"理"，王阳明称之为"良知"，等等，不一而足。

一言以蔽之，如《金刚经》云："一切贤圣，皆以无为法而有差别。"古往今来一切圣贤，一切有成就的智者，都是在探求这个境界，从不同路径印证这个境界，从不同角度描述这个境界，只是程度深浅不同，时地的不同，所传化的方式不同而已。但世界只有一个真理，这个真理，尽虚空，遍法界，也在每个人的心中。按佛家、道家来说，人如果印证到了这个真理，达到了这个真境，就能获得大解脱，大自在，这种快乐圆满，不是丝竹管弦所能带来的，这种安详愉悦，也不是檀烟香茗所能带来的。与世间别的追求不同的是，这个真理求证的方式，是无求之求，必须念净境空，虑忘形释，才能捕捉到这个真理的消息。

32 站在有用无用之间

原文

自老视少，可以消奔驰角逐之心；自瘁视荣，可以绝纷华靡丽之念。

译解

从衰老的角度来看青春年少，可以消除一个人追逐名利的心念；从疲病的角度来看荣华富贵，可以断绝一个人豪华奢靡的想往。

感悟

又要说起庄子了。庄子率领学生游山，见一棵大树，枝叶茂盛。一群木匠在树下搭了个木棚。庄子问："要砍这棵树吗？"木匠说："这树没用处，不砍。"庄子回头对学生说："因为没用处，所以不挨刀。"天快黑了，庄子和学生到友人家中投宿。友人吩咐童仆杀鹅待客。童仆请示："两只公鹅，一只爱叫，一只不爱叫，杀哪只？"友人说："爱叫的有用处，夜晚能防贼。

杀那只不爱叫的吧。”学生对庄子说：“那棵大树，因为没用处，所以不挨刀。这只公鹅，因为没用处，所以挨了刀。有用无用都挨刀，老师站在哪一边呀？”庄子说：“一边是有用，一边是无用。两边都站不得，那我庄周就站在有用无用之间吧。从有用那边看我是无用，从无用那边看我是有用。”

人世间的一切，总是跳不过二元对立。人世间的二元对立、是非对错、有无高低、生死穷通等等，总是给人们带来烦恼、冲突，乃至纷争。儒家先哲们为了缓解乃至解决这个问题，提出了“中庸之道”，但这个“中庸”非常难以把握，一不小心就滑入虚伪奸巧、妥协折中。庄子在有用无用之间的冲突中，滑头滑脑地站在有用无用之间，但也坦然而尴尬地告诉大家，扮演似是而非的角色，所以活得很累；要想活得不累，还须修道养德，跳出有用无用的范畴。也就是，超越二元对立，追求绝对的精神自由。

万物万象有差别。人与人是有差别的，有体力的差别，有智力的差别，有贤愚的差别。自有人类以来，我们这个星球曾经有很多美好的愿望，“大同世界”“理想国”等，但总的来说还没有实现过。所以，这个社会必得有人富贵，有人贫穷，有人既不贫穷也不富贵，这是差别所致。所以我们不必视荣华富贵如同猛兽，事实上绝大多数人还是喜欢荣华富贵的，所以大家都在竞奔角逐，至死方休。

关于荣华富贵，我们也可用“有用无用”的哲学来探讨一番。站在有用的一边来说，有荣华富贵，可以享受人生，不枉来世走一遭；若要建功立业，有比别人条件更优越的平台；若要做好事善事，有比别人更多的钱权和影响力。但若站在无用的一面来说，陋室空堂，当年笏满床；衰草枯杨，曾为歌舞场。繁华靡丽，最终会成为一场空。若站在坏用的角度来看，荣华富贵让人飞扬跋扈，道德败坏，从而埋下祸根；荣华富贵会招惹别人羡慕嫉妒恨，草民一造反，先要杀的就是这批人。关于平庸凡俗，我们也可从有用无用两边看。从无用这边看，平庸凡俗，确实令人遗憾，粗茶淡饭，劳作艰辛，无人奉承无人抬举；但站在有用的一面来看，起码无人嫉妒，无人对你谋财害命，无须你操心五大洋七大洲的事儿，身体虽然累些，但心安梦稳少思虑，这何尝不是一种逍遥呢？

站在出世者长道心消幻业的角度来说，荣华富贵无用。因为这东西会造成人的贪恋心，不舍心。但从有用这边来说，人在荣华富贵丛中，更容易感受到繁华如梦、富贵如烟，更能体会到空幻寂灭之感，所以更能助长一个人求出离、求超度的迫切向往。贫穷庸凡无用，因为处在这个状况，更容易向往富贵荣华，以为皇帝天天吃羊肉泡馍，所以奢望着也做做皇帝享受一把。但站在有用这边来看，因为反正没有什么，一旦认准了解脱出离的方向，就没有什么东西可以让你放不下舍不得。

所以，站在有用无用之间的立场，人对待荣华富贵和平庸凡俗的态度就是不迷不怨。荣华富贵虽然好，不是不可以追求，有可能还是尽量追求，但不值得你穷思竭虑、巧取豪夺、拼将一生去竞奔角逐，这是不迷；平庸凡俗虽然不好，大家都要努力摆脱，但也要看到机遇、能力、条件所限，所以你有时要乐天知命，不要羡慕嫉妒恨，而是要努力从无用中找到有用，在小乐惠小情味中找到人生的安顿，这是不怨。当然，庄先生告诉我们，有用无用、不迷不怨都是相对的，人生真正的逍遥就是超越这个相对，找到那个一空依傍、超越二元对立的“道”。

本条菜根告诉我们，人不免追求权势、财富、声色，但要经常想想华发苍颜、齿摇目眩的时候，这些东西对一个衰老的生命来说，有多少意义；要经常想象疾病缠身、万念俱灰的时候，这些东西对一个委顿的生命来说，有多少意义。所以，人要清醒，不要糊涂，人要超脱，不要沉迷。

33 安禅何必须山水，灭却心头火自凉

原文

热不必除，而除此热恼，身常在清凉台上；穷不可遣，而遣此穷愁，心常在安乐窝中。

译解

炎热不一定能够清除，但能够清除由炎热而产生的烦躁，人就好比置身于清凉台上；贫穷不一定能够摆脱，但能够摆脱由贫穷而产生的焦虑，人就好比生活在安乐窝中。

感悟

在炎热的天气中，我们如果愤愤然诅咒老天的可恶，那么结果就是天气的炎热加上内心的烦躁，会让人产生更多的炎热感。如果能够静下心来，净化由于炎热而起的烦躁情绪，接纳炎热，努力让身体的炎热和天气的炎热融为一体，那么虽然不一定真的就到了清凉台上，但也会感觉到炎热而不至于那么难受。当然这个炎热程度必须在人的生理承受能力范围之内，否

则，人都烤焦了，谈何净化。我们在日常的感受中，像三四十度这样可以忍耐的炎热，如果没有一个相对比较平和的心态，我们就会觉得热不可耐。因为心热、身热、环境热三重烧烤，的确会让人热何以堪。

有句禅语说："安禅何须山水，灭却心头火自凉。"安禅，就是调伏内心的妄想和妄念。禅者在初修阶段会去寻找一个幽静的环境，以帮助自己尽快调伏内心。有时独上孤峰顶，月下披云啸一声。深山深处，白云生处，都是禅者们喜欢逗留的地方。但是真正功夫到了家的禅师，能够做到念念去欲、念念去妄、念念去执，做到火中生莲、在欲行禅。就算是在红尘浪里、声色场中，都能保持一念清净，做到心不动念、无执无缚。

活在这个世界上，人人都有很多欲望。欲望的满足，是人生的称心快意之源；欲望的不得实现，是人生的沮丧怨尤之源。所以说，欲望的人生是起伏不定的人生，是患得患失的人生，是烦躁不安的人生。人生不能没有欲望。适当的欲望，合理的追求，是产生人生驱动力的热量，而过分的欲望，非理性的欲望，却像一团高温炎热的火，会把人烧得心意烦躁甚至焦头烂额。"热不必除，而除此热恼。"我的理解是，人生不免有欲望，有追求，这就是"热不必除"。但人如果能够合理管控欲望，合理规划追求，同时又能保持一点“只问耕耘，不问收获”、“胜固欣然，败亦可喜”、“功成不必在我”、“路途的美丽超过景区的美丽”、“过程的快乐超过结果的快乐”的豁达心态，那么，这就是“清除热恼”，就是清除因欲望而产生的得失之心、焦虑之念、狂躁之情，这样，人生在炎热中也能得到安顿。

在娑婆世界，总有人富贵，有人贫穷。对人的个体而言，人之所以贫穷，一是由于不够勤奋，比如穷懒汉；二是不够有能耐，比如农村中体质比较弱者；三是不够聪明，比如市井中不会做生意的人；四是不能跨入某个门槛，比如古代科场倒霉的读书人；五是本可以不贫穷但因坚守原则而贫穷，比如有节操的人；六是自己压根就不去想贫穷不贫穷的事，比如那些天生就欲望清淡、知足常乐的人；七是因为内心有充盈的追求而不觉得穷，穷释子，口称贫，自是身贫道不贫，因为他们心中有一颗“摩尼宝珠”。

所以，贫穷，有主动的贫穷，有被动的贫穷；有可悯的贫穷，有不可悯的贫穷。主动的贫穷和不可悯的贫穷，我们且不去管他，而对于不得不贫穷的人，我们就要来探讨一下。一个不愿意穷而又不得不穷的人总是有很多忧愁，很多焦虑，很多愤愤不平。本来生活就苦，再加上心里苦闷失衡，人生就会变得更加苦不堪言。所以，不少人没有饿死，却因抑郁而死，因心情不好得癌症而死。一个贫穷的人，自己没有能力没有门道去改变现状，在刚性的贫穷面前，是不是就没有一点人生的趣味？也不是的。我们的哲学家、心理学家、宗教家以及心灵鸡汤的炮制者，也许会为他们指明几条路：

一是乐天知命。如何才算贫穷，也没有绝对的标准。对有些人来说，有饭吃，有衣穿，有屋住，他就不认为是贫穷。而不少人的贫穷感，是比较出来的，相对于别人的多，而在意于自己的少。“穷不可遣，而遣此穷愁”，在刚性的贫穷面前，如果能够认可这个现实、接受这个现实从而安于这个现实，那么就不会有那么多羡慕嫉妒恨、焦虑怨尤愁了。那么，在平和的心境中，即便是天天嚼菜根，啃窝窝头，也有其中的滋味；在平和的心境中，只要父慈子孝、兄友弟恭、夫妻亲爱、家庭和睦，也有家庭的温情。当然说“心常在安乐窝中”，就有些矫情了，就有些站着说话不腰疼了。如果穷到没有饭吃、穷到不能生存，这一条就不起作用了，也许，他们会去造反。

二是安贫乐道。“道”是什么？也可以说精神追求。物质不足精神来补。穷是穷些，但穷得有情趣，比如说能读书，能跳二人转，能拉三弦等等；也可以说是对道义节操的坚守。君子忧道不忧贫。比如住在穷巷里枕着手臂睡觉而不改其乐的颜回，比如那些宁可穷也不肯趋炎附势去接受嗟来之食的人。他们认为，人生的最优先，是道义，是节操，也可以说是对形而上学的“本体”的追求。比如那些有宗教信仰的人，他们认为人的最大贫穷是愚昧没有智慧，人的最大财富是内在的本体心性。

第三条，就是励志鸡汤了，就是不管遇到怎样的人生际遇，都不要丧失信心，自暴自弃。三十年河东三十年河西，淮阴市井笑韩信，岂料到他也有称王的那一天。

34 此中有真意，欲辨已忘言

原文

损之又损，栽花种竹，尽交还乌有先生；忘无可忘，焚香煮茗，总不问白衣童子。

译解

人生欲望减少了又减少，只剩下栽花种竹，把一切都交还给乌有先生；世事得失忘到无所可忘，我只是焚香煮茶，管他身边来去的童子是谁。

感悟

损之又损，忘无可忘。这是对人间世事的彻底否定，绝对忘情。也许，绝对的大悲观含藏着一个绝对的大坚持，绝对的大否定蕴含着一个绝对的大追求。世界上有些人看穿了“窃钩者诛，窃国者王侯”的颠倒无理，从而彻底否定现实，清高自持，洁身自好，不愿同流合污，从心到身彻底与现实切割，这就是所谓的大坚持，比如许由、商山四皓之类的隐士；世上也许有人深谙天地造物玄机，悟到物我合一，齐生同死，从而甘愿放下外物的束缚，一心追求心灵的自在和逍遥，这就是所谓的大追求，比如老庄、列子以及陶渊明之类的达人。

“损之又损”，语出《老子》第四十八章：“为学日益，为道日损。损之又损，以至于无为。无为而无不为。”做学问，是靠知识、书本、经验一点点积累起来的，讲知识渊博，讲逻辑思维，讲理论体系构建，否则就成不了学问家。做学问是一个不断累积增加的过程，而修道，是要做减法，减少物欲，减少知识，减少逻辑思维，一点点减少，减损到一点点，甚至没有，这样才能返璞归真，廓然见道，无为而无不为。老庄文中，诸如“少私寡欲，见素抱朴”、“坠肢体，黜聪明，离形去知，同于大通，此谓坐忘”之类的句子，比比皆是。总之，悟道，要做减法。“忘无可忘”，出自《庄子·让王》：“故养志者忘形，养形者忘利，致道者忘心矣”。意即：修养心志的人会忘了形体，修养形体的人会忘了利禄，追求大道的人会忘了心机。庄子修道的办法叫心斋、坐忘、见独。忘了对立，忘了分别，忘了对待，忘了自我，直到忘无可忘，那个独立不改、寂兮寥兮、周流太虚的那个“道”就豁然洞现了。佛家禅修的过程也是一个减损、坐忘的过程。为了打破禅者的知识、逻辑和理路，师傅往往采取棒喝交加的方式，把

禅修者射来的思维之箭折断、燃放的知性之火浇灭，把他们一下子打入思维中断、无知无识的冰窟里，使他们面对空无，左奔右突，一筹莫展。就在当下的刹那，死却心猿、杀却意马，在孑然一身、无所依傍的情况下，遁入“言语道断、心行路绝”之境，彻底洞见清净无染、超越一切的自家“心性”。

损之又损、忘无可忘的无逻辑无理路的方式，给中国的智慧以一种空而能得、无得而得的深邃意蕴。在金庸小说《倚天屠龙记》中，太极宗师张三丰强敌环伺的情况下临时教徒孙张无忌武功，先让张无忌把现有的武功全部忘却，从忘掉一点点到忘记一大半到全部忘记，张无忌在空掉一切的情况下，豁然顿悟太师傅的绝世神功。《侠客行》中主角石破天，是一个被人称为狗杂种的浑小子。在侠客岛的一个山洞里，面对石壁上蝌蚪文似的武功秘籍，一干冲着绝世武功而来的绝顶聪明的武林高手，穷思冥想而不得其门，而这个不求神功、浑浑噩噩的狗杂种，却感觉到自己的奇经八脉随着蝌蚪文的指引不动而动，浑噩无心的他，却悟到了绝世的神功。

损之又损、忘无可忘的返璞归真风范，也赋予中国人以一种不拘礼法、自然通脱、随性忘我的诗意生命态度。魏晋时代风流名士，充分展露了这种风范。嵇康很喜欢一家酒店的老板娘，于是他天天都到那家酒店去喝酒，喝醉了就在垆边呼呼大睡，老板娘不以为忤，酒店老板居然也不以为意。老板娘死了，他不请自来，跑到灵堂前大哭号啕，然后扬长而去，令人目瞪口呆。刘伶喜欢携酒骑驴去郊外喝酒，后面带着一个仆人，无目的瞎逛，边逛边喝酒，告诉仆人，死便埋他。陶渊明重阳赏菊，见白衣童子送酒而至，一句话也不说，一杯一杯复一杯，酩酊大醉，也不问白衣童子是从何而来，酒为何人所送。他们忘了礼法，忘了世故，忘了人情，终而忘了各种角色的社会的我，只留下一个陶然忘机、真率无伪赤裸裸的真我：此中有真意，欲辨已忘言。

35 活着，淡出鸟味儿来

原文

悠长之趣，不得于醲酽，而得于啜菽饮水；惆恨之怀，不生于枯寂，而是生于品竹调丝。故知浓处味常短，淡中趣独真也。

译解

绵远久长的趣味，并非来自美酒佳肴，而是在粗茶淡饭中得到；感伤失落的情怀，并非来自寂寞冷清，而是从声色欢娱中产生。由此可见，由浓艳处所得的兴味很快就会消失，而从清淡中所得的才是人生的真趣。

感悟

在平常生活中，个人会有这样的一些感受。吃过油腻膏粱，放下筷子便觉得嘴里寡淡无味；吃过清淡菜蔬，齿颊之间却能留下清新的味道。喝过浓烈的咖啡之后，嘴巴会觉得发苦；喝过清凉的开水之后，会有一种沁人心脾的感觉。到酒吧歌厅里去唱歌，唱着唱着便情肠千结，不肯放下话筒。曲终人归去，待在家里，孤身独影，极端无聊。年轻时候看春晚，看歌舞欢腾，看伟大辉煌，看得亢奋满满，从头看到尾，结束后心无着落，于是就连广告、厂长致辞也看，看到不眠不休。还有喝酒，喝的时候呼朋引类，觥筹交错，酒精和喧闹把人刺激到无比兴奋，但酒阑席散后，内心会感到特别空虚。如果喝醉了酒，呕吐满地，酸臭满屋，更是兴味索然，苦不堪言。少年时喜欢听音乐，不管是宏壮的、激越的、缠绵的、忧伤的，听过了之后，总是情难自已，夜不成寐。后觉得，最好的声音就是宁静清和，最好的安住就是平静平淡。大文人龚自珍有个病箫的毛病，听到箫声，就要生病。确实，“箫声咽，秦娥梦断秦楼月”。箫声让人缠绵，让人忧伤，让人惆怅，让人玉想琼思，让人情不自禁。

所以，人生真正的安住不在于浓艳，而在于平淡。浓艳刺激人的欲性，搅乱人的心性，蒙蔽人的真性，动摇人的定性。以浓艳高亢为追求的人，最终结局一般都不如人们想象的那么潇洒。晚明张岱，“少为纨绔子弟，极爱繁华，好精舍，好美婢，好娈童，好鲜衣，好美食，好骏马，好华灯，好烟火，好梨园，好鼓吹，好古董，好花鸟，兼以茶淫橘虐，书蠹诗魔，劳碌半生，皆成梦幻”。繁华靡丽，毕竟成空。“年至五十，国破家亡，避迹山居，所存者破床碎几，折鼎病琴，与残书数帙，缺砚一方而已。”从繁华靡丽到落魄不堪，支撑张岱

活下去乃至活到耄耋之年的，是写一本《石匮书》的信念。从古看到今，浓艳容易导致失意落寞，失德乱伦，玩物丧志，破败倾颓。“万户千门成野草，只缘一曲后庭花。”“日暮东风怨啼鸟，落花犹似坠楼人。”“金陵玉殿莺啼晓，秦淮水榭花开早，谁知道容易冰消。”浓艳，是快要凋零之前那朵最妖艳的花；浓艳，是人之将死之前那一抹回光返照。

听朋友纯善法师说，他曾与几个相得的友人在逼仄的屋檐下共度了几天简单的日子，临别时，他的朋友发心要让自己今后的日子“活得淡出鸟味儿来”，回家就把自己的住所命名为“淡鸟居”。三点水加上两把火成为一个“淡”字。“淡”的本义是水火、阴阳、冷热、静躁之间微妙平衡。三国刘劭在《人物志》中说：“凡人之质量，中和最贵，中和之质必平淡无味。”淡，是一种恰到好处的简单和分寸感。苦难而睿智的中国人，把人生中的苦痛、欲望、焦虑直下融化到这样一个极其简单的“淡”字里。平淡之中，安身立命，趣味独真。

平淡是什么？平淡，是一份简单的优雅，是茗烟几缕，素书几架，山水几程；平淡，是一种无执的情怀，是雪泥鸿爪，踏雪无痕，月影穿潭；平淡，是一种随和的境界，是风行草偃，俯仰天真，随缘而安；平淡，是一份宁静的栖守，是明月松间照，清泉石上流，空山松子落，灯下草虫鸣；平淡，是一种大气的胸襟，不择细流，海纳百川，有容乃大；平淡，是一份从容的笃定，回首向来萧瑟处，也无风雨也无晴；平淡，是一份悠然的心境，采菊东篱下，悠然见南山；平淡，是一份真切的禅意，是将激流凛冽的山泉掬入壶中，烹成一壶苦涩的茶汤，逐渐喝到清香回甘，余味悠长；平淡，是道法自然，如花草树木，努力拔起，静静守候，一任造化铺排，开花时开花，结果时结果；平淡，是默默担当，如江河亘古流淌，如篝火在炉灶里静静燃烧，人们忠实庄严地生活，担负起那份命运，耕田织布，生儿育女，交税纳粮，当兵服役，代代接力，今古如一。

36 不是走投无路，便是装模作样

原文

衮冕行中，著一藜杖的山人，便增一段高风；渔樵路上，著一衮衣的朝士，转添许多俗气。故知浓不胜淡，俗不如雅也。

译解

在高官显贵之中，如果出现一位手持藜杖的隐士，就会增加一段风雅；在渔人樵夫之中，如果加入一个身着朝服的官员，就会增加许多俗气。故而可知，富贵不如清寒，俗气不如雅气。

感悟

这是故作清高的腐酸语，有些矫情。这位高人在这里排划了一条界线，好像有官做的就是俗人，没官做的就是雅人。其实平心而论，在古代，做官的人基本上也都是读书人，他们都是身经百考考进去的，读饱四书五经，深谙佛道庄禅，并不是不懂风雅。所以他们“混进”一群考不上大学的“渔樵耕读”

当中，也不见得就比他们更俗。而一个手执藜杖的“清流”，跑到官员堆里面去，就认定自己能够增加一段高风，未免顾盼自雄、自作多情、自恋到死。因为俗不俗，雅不雅，要看这个人品行、学养，而不是看这个人是官还不是官。

其实做官本身没有什么不对。对社会来说，官本身是一种职业，也是一种社会必要的职业；而对个人来说，做官是一种实现抱负的手段，也是一种谋生的手段，无所谓雅俗。在古代，特别是科举制以来，官并不是人人都想做就能做得到的，而是要通过一级一级的考试才能做到。科举考试有其弊端，考上了科举的不一定是最伟大最厉害的人，但他们一定是最幸运的人；而考不上科举的人，并不都是残渣余孽（也有抱负远大、才华横溢的人），但他们一定都是最不幸运的人。排斥在体制外的读书人，无一例外都是悲催之极。有的无奈之余，找几个蒙童教一教，将就度日；有的也就看淡了功名利禄，家境好一些的，真的就此绝意仕途，诗酒风流，做一个散仙；但也有一些人不免有些“羡慕嫉妒恨”，干脆把自己弄成一个“出世”“清高”的样子，聊以发泄一点对社会的不满。资中筠先生说中国读书人的清高大多是“逼”出来的，易中天先生则说是“装”出来的。大多数人的“清高”“风雅”，不是因为走投无路，就是因为装模作样，当不得真。两位先生说得不是没有道理。所以读古人的文章，要多一个心眼，不要被表面的字句迷惑。比如美男子潘安，写过有名的《闲居赋》，清高之极，其实是个官迷。为了讨好巴结权臣贾谧，竟然每天守在贾府大门口，看见官车扬起的灰尘立马倒头便拜。后来的文人元好问写诗讽刺他：“高情千古闲居赋，争信安仁拜路尘。”

由于科举制的弊端，古代确实是不少贤才被排斥在体制之外，怀才不遇，抱负难展，他们由此变得偏激、愤懑、酸腐、假清高，也是令人同情的。

37 春之风神骀荡，不若秋之神骨俱清

原文

春日气象繁华，令人心神骀荡，不若秋日云白风清，兰芳桂馥，水天一色，上下空明，使人神骨俱清也。

译解

虽然春天万物生发，繁花似锦，令人心旷神怡，但秋天的白云悠然，清风致爽，兰花馥郁，桂子飘香，水天一色，上下空明，却让人从里到外、从身到心都有清新爽朗的感觉。

感悟

江南三月，草长莺飞，杂花生树，群莺乱飞，这是春天。春天是清新的，是美丽的，是积极的，是充满生机的。但在美丽生发的同时，各种病毒也在生发。春天最容易感冒生病，最容易发生疫情。各种欲望也在生发。猫儿到春天便会叫春，动物多在春天交配，少女最容易在春天动春情，思妇最容易在春

天动相思。春天万物萌动，春天繁花照眼，春天情欲萌动。就像一个人的青少年时代，最美丽，最清新，最可爱，同时又最叛逆，最懵懂，最莽撞。所以，春天很美好，但与此同时，也有欲望纵横的浑浊混乱。

云白风清，兰芳桂馥，水天一色，上下空明，这是秋天；风烟俱净，天山共色，水皆缥碧，千丈见底，这是秋天。秋天是深沉的，是澄澈的，是清爽的。经历了春的萌动、蠢动，经历了夏的绚烂、暴烈，秋显得格外沉静、平淡、低调。这种沉静，是阅人多矣之后的不动如山；这种平淡，是历尽繁华之后的娴雅雍容；这种低调，是开花结果之后的低眉垂首。春天，是发生的季节；秋天，是回归的季节。春天的风，是熏风，最让人熏熏欲醉；秋天的风，是清风，最让人胸次豁然。春天的水，欢快跳荡;秋天的水，波澜不惊。就像一个人，从少年的懵懂跳脱，到青壮年的发扬踔厉，再回到中年的沉静如水世事洞明。又像一个女子，经历了春情少女的风情荡漾，婚姻女子的媚眼欲流，然后带着家庭、带着琐碎、带着世事沧桑，步入清婉的中年。此时，繁华后退，璎珞卸下，素衣裹身，自有一份风韵，眉眼之间，自有一份娴雅，举止之间，自有一份笃定。

中国的文化，是内向的文化，是心性的文化，是主静的文化。喜欢女子的娴雅从容，不喜欢女子的花枝乱颤；喜欢男儿的沉稳如山，不喜欢男儿的飞扬跳脱。

中国艺术的审美取向，不喜欢浓翠快绿，大红大紫，繁富丰满，而是喜欢空灵悠远，清新素雅，简约明快。什么长天一色，水瘦山寒，野渡舟横，什么“湖上影子，惟长堤一痕，湖心亭一点，与余舟一芥，舟中人两三粒而已”（张岱《湖心亭看雪》）等等。浓艳似春夏，萧散如秋冬。春夏使人心神骀荡，秋冬使人神骨俱清。心神骀荡，是俗人；神骨俱清，是高人。就东方哲学和宗教的终极追求而言，春的萌动飞扬有如人的妄心、杂念和欲望，秋的空明澄澈犹如人的道心、定境和空性。所以东方的美学、哲学和宗教，更喜欢神骨俱清的秋境。

38 炼成一个清净无染的“心灵免疫系统”

原文

欲其中者，波拂寒潭，山林不见其寂；虚其中者，凉生酷暑，朝市不知其喧。

译解

心中满是情绪欲望，就好像水在寒潭中沸腾，哪怕是在深山老林也清净不了；心中一派恬淡虚静，就好像酷暑中凉风吹拂，哪怕身居闹市也不会觉得喧嚣。

感悟

境由心造。这句我已经翻来覆去用了好多次了，但想来想去，破解这条菜根，最恰当的还是这句佛语。佛家的高明深邃就在于，简单的一两句话，世出世间的一切，就像孙猴子孙大圣，就算是一个筋斗云能翻十万八千里，也脱离不了佛祖的手掌心。且不说修行这个高深的事儿，就从普通人的感受来说，一个人如果内心欲望蒸腾，情绪波动，即便是找到一个非常清净的外环境，也平静不下来。平静不下来，就浮躁焦虑，辗转反侧，失眠痛苦。相反，一个人心境平和、虚静、恬淡，那么即便是身处在一个乱糟糟的外环境，也不会觉得烦躁不安。

佛家认为，人类的一切活动，一切善恶，都是由心主宰，被心牵引，受心支配。人类外在行为的失调，主要源自于内心的不清净。所谓“往昔所造诸恶业，皆由无始贪嗔痴”、“心生则种种法生，心灭则种种法灭”。人之原本清净无染的心，在生死流转中，不断地被贪欲所染，为瞋恚所惑，为愚痴所迷。《大涅槃经》云：“毒中之毒，无过三毒。”贪瞋痴三毒，是人心最大的污染源，是造成人生烦恼痛苦的主要原因，是造成人类冲突、战争、灾难的根本原因。从修行的角度上来讲，人要明心见性，就必须制伏内心中的贪瞋痴，以智化情，转染成净，提升生命的境界；从生命安顿的角度上来讲，人生是否幸福，安顿与否，终究还是在于能否调伏自己的内心，内心清净平和，则鲜有冲突，内心冲突少，则鲜有烦恼和痛苦。若从世界整体的和平安宁来讲，也需要从每一个人的内心开始。《维摩诘经》云：“若菩萨欲得净土，当净其心，随其心净，则佛土净。”《阿含经》云：“心清净故，众生清净。”心净则行净，行净则众生净，众生净则国土净，人若能将清净、慈悲的精神由内向外推及，对人、对动物、对植物，

乃至对所有一切众生，都能予以关心与爱护，那么伤生害命、仇恨斗争、战争动乱等种种乱象，便不复出现，世间就是净土，就是极乐世界。

根据“心净则国土净”理念，台湾证严法师发起了一个“预约人间净土”运动，一方面强调资源回收、植树造林，另一方面强调清除“内心的垃圾”。而且，消除内心的垃圾比起消除外在垃圾，还要更重要。证严法师说，心病地球病。要做好地球环保，首先必须净化内心。人心有贪、嗔、痴、慢、疑五种毛病，如果能去除五病，人心就会健康，家庭就幸福，社会就祥和，自然人人就会知福惜福。人人知福惜福，地球的资源就可以减少消耗。与此同时，台湾的圣严法师也发起一个称为“心灵环保”的运动。其主要理念是：若想救世界，必须从救人心做起。人心染恶，人间社会即出现灾难连连；人心净善，人间社会即是康乐的境界。

证严和圣严两位大师的发心，非常高尚。只不过，人类文明太久了，大家染上的贪嗔痴太多了，一时半刻要净化心灵，确实是不容易。但再难的事儿，也要去做。心灵环保，让我们从自己开始吧，勤修戒定慧，熄灭贪嗔痴，点亮智慧的心灯，修剪生命的荒芜，少染欲，不染恶，努力炼成一个清净无染的“心灵免疫系统”。

39 寻常家饭，素位风光

原文

有一乐境界，就有一不乐的相对待；有一好光景，就有一不好的相乘除。只是寻常家饭，素位风光，才是安乐的窝巢。

译解

有开心快乐的事情出现，就有忧愁烦闷的事情相对应；有顺心遂意的日子出现，就有心烦意乱的日子来抵销。所以，只有家常便饭，普通生活，安分守己，量力而行，才是快乐安详的归宿。

感悟

佛经中有这么一个故事。有一户人家请吉祥天女到他家里去做客。迎迓吉祥天女时，主人发现她的后面跟着一个又黑又丑的女子。主人说："我只请了吉祥天女您的大驾呀，并没有请这位黑乎乎的女士。"吉祥天女对主人说："这是我的妹妹黑暗天女。我去哪儿，她就跟到哪儿。我们两个，如影随形。你们既然接受了我，就一定要接受她。”

在古印度，吉祥天女代表吉祥喜乐，黑暗天女带来灾祸痛苦。这个故事的寓意是，万事万物，祸福相依。吉藏凶，凶藏吉，吉凶之间，互相蕴藏，互相转化，对立统一。本条菜根告诉人们，人生没有绝对的快乐，也没有绝对的痛苦。有开心的事，就有烦恼的事；有顺水顺风的好光阴，就有困顿挫折的苦日子。一件事情，这边来看，是好事情，从那边来看，却是一件不好的事情。反之亦然。一件事情，这一时间段看是好事，从另一时间段来看又会转化为一件坏事。反之亦然。所以人间的事情，脱离不了老祖宗的慧眼：万事万物，阴阳合体；阴阳之间，盈虚消长。

我们从生活中可以感受到苦乐相对待的现象。比如唱歌跳舞，很开心，但一旦停下来，就会感到无聊；比如聚众狂欢，很快意，但酒阑席散后，会感到特别空虚；比如谈情说爱，很陶醉，但付出多少爱，就会收获多少恨，付出多少痴情，就会收获多少痛苦。岂不闻：情到深处情转薄，而今真个悔多情。另一版本《菜根谭》有菜根云：“趋炎更暖，暖后更觉寒威；食甘能甘，甘余便生苦趣。何似养志于清修而炎凉不涉，栖心于淡泊而甘苦俱忘，其自得为真多也。”我们读历史可以看到，人间的功名事功，纷繁绮丽，不是一成不变的，而是盈虚消长，此起彼伏，生灭相续。正如杨升庵先生《二十一史弹词》所云：“昨日羯鼓催花，今朝疏柳啼鸦。王谢堂前燕子，不知飞入谁家。”

所以，人在五色斑斓、物欲横流的人世间，应该具备一双慧眼，看清宇宙实相，看清事物本质，安时处顺，安分守己，不攀比，不争抢，不怨天，不尤人。这个道理，儒家叫作“素位”。《中庸》云：“君子素其位而行，不愿乎其外。素富贵，行乎富贵；素贫贱，行乎贫贱；素夷狄，行乎夷狄；素患难，行乎患难。君子无入而不自得焉。”意思是说：君子只应根据自己的位分，来做该做的事，不要去做本分以外的事。处于富贵，就做富贵者应该做的事；处于贫贱，就做贫贱者应该做的事；处于夷

抛卻身心見法王
前程不必問行藏
但能識得娘生面
草木叢林盡放光

狄，就做夷狄所应该做的事；处于患难，就做患难时所应该做的事。君子知足守分，乐天知命，随遇而安，无论在什么地方，都能悠然自得。

20 世纪高僧印光法师也常用“素位”的道理来开示弟子。比如《与卫锦洲居士书》：“《法华经》云：‘三界无安，犹如火宅。众苦充满，甚可怖畏。’天之所以成就人者，有苦有乐，有逆有顺，有祸有福，本无一定。唯在当人具通方眼，善体天心，则无苦非乐，无逆非顺，无祸非福矣。是以君子乐天知命，上不怨天，下不尤人，随遇而安，无往而不自在逍遥也。”比如《复蔡契诚居士书》：“果必有因，切勿怨天尤人。君子素其位而行，素富贵，行乎富贵。富贵之人，有财力势力当以己之财力势力，利人利物。素贫贱，行乎贫贱，昔本富贵，今已贫贱，则勤俭节用，若向来就是贫贱之人。素夷狄，行乎夷狄。若遭世乱，舍家避难，于偏僻陋处，亦若就是陋处之人。素患难，行乎患难。既有忧患灾难，则亦无所怨尤，若应该受此忧患灾难一样。是以君子无往而不乐天知命，中心坦然也。”再比如《复潘对凫居士书》：“佛说一切利、衰、毁、誉、称、讥、苦、乐，各有前因，致获现果。了此，则只宜自忏宿业，何暇怨人乎哉。所以君子上不怨天，下不尤人，素富贵行乎富贵，素贫贱行乎贫贱，素夷狄行乎夷狄，素患难行乎患难，受宠若惊，受辱不怨，逆来顺受，无往而不自在逍遥也。”

印光大师的开示语是对本条菜根最好的阐释。但这种安分守位，自甘淡泊的态度，与当今社会总体心态并不吻合。对百年来落后挨打的局面，国家心有余悸，所以从来都是号召人民拼搏奋斗，奉献牺牲。奋斗了半个多世纪，国家终于硬气起来了，现在国家开始提倡和谐社会了。站在国家的立场来说，确实要抵死拼搏，没有后路；但站在个体人生的安顿角度来说，古老的智慧，或许还是有些借鉴意义。

40 我见青山多妩媚，料青山见我应如是

原文

心地上无风涛，随在皆青山绿树；性天中有化育，触处见鱼跃鸢飞。

译解

心地上安宁平和没有风波，那么所见无不是青山绿树一派美景；本性中有化育万物的仁心，那么所见无不是鱼跃鸢飞生机盎然。

感悟

有一则故事。苏东坡和佛印和尚是好朋友。一天，苏东坡去拜访佛印，与佛印相对而坐，苏东坡对佛印开玩笑说：“我看你是一堆狗屎。”而佛印则笑着回答：“我看你是一尊佛。”苏东坡觉得自己占了便宜，可苏小妹却说：“哥你错了，佛家说‘佛心自现’，你看别人是什么，就表示你自己就是什么。”这种现象现代心理学称之为投射效应。

一个人在险恶的环境里生存，必须多长几个心眼，这样他的心中便要思虑种种可能会出现的险恶之人和险恶之境，久而久之，他们的心中无不是险恶，所见所触也就会感觉无不是险恶，石头会被看成老虎，草绳也会被看成毒蛇。人要与天斗其乐无穷与人斗其乐无穷，那么他所见无非都是敌人。见了山，会觉得它挡了路，必欲铲之而后快；见了树，会觉得它遮蔽了视野，必欲砍之而后快；见到形形色色的人，会觉得都是伪装成的奸细，必欲除之而后快。而在一个相对安全的环境里长大的人，则心地单纯，毫无心机。像《天龙八部》中的段公子段誉，见什么人都是嘻嘻哈哈，没心没肺。比如在儒雅和睦的乡绅家庭中长大的苏东坡，父子情深，兄弟情深，夫妻情深，朋友情深，对人一片赤诚，“眼见的没有一个不是好人”，一派天真烂漫。这些，都是投射效应。

苏东坡胡乱投射，交了很多好朋友，也交了很多坏朋友，让自己吃尽了苦头。苏东坡与李定是好朋友，路过寿州的时候，李定出来给他饯行，苏东坡还写诗相赠。而构乌台诗案陷害苏东坡的人，恰恰就以李定、舒亶为首。苏东坡守密、徐二州时，与李清臣诗文唱和情同手足，并为其新建之亭命名“快哉亭”，但是后来哲宗贬斥元祐老臣时，第一个拿苏家兄弟开刀的就是这个李清臣。苏轼与章惇关系尤其深厚，苏轼有诗云：“早岁归休心共在，他年相见话偏长。”但后来章惇拜相后，却对苏东坡一贬再贬，一直贬到天涯海角，必欲置之死地而后快。苏东坡与林希也一向友好。朝廷有意任命苏东坡为起居舍人时，苏东坡认为林希更有资格，于是坚辞不就，一心推荐林希做这个官。可是到了朝廷整治元祐党人的时候，林希为了升官，在写诰命时，对司马光苏东坡等人极尽丑化诋毁之能事。

虽然苏东坡没心没肺胡乱交友吃了很多苦头，但是相比较之下，所收获的亲情友爱、人生乐趣还是更多。他要是没有这个乐观、豁达、宽容、友爱的个性，早就死在瘴烟毒雾之中了。我总觉得，心有山川之险、胸有城府之严的人，活得并不快乐自在。虽然官大钱多，但内心却一刻也不得停息，总在算计，算计，一辈子劳心劳力，有何趣味。所以，《菜根谭》又说："君子与其练达，不如朴鲁，与其曲谨，不若疏狂。"心地安宁，心思简单，看青山绿树就是青山绿树，你可以欣赏青山的妩媚，绿树的婆娑。而心地复杂的人，他会强迫自己去想，这山后会不会有伏兵，这树下有没有陷阱。人活到这个份上，其实也没有什么意思。心地单纯的人，没有心防，青山绿水扑面而来，它能够刹那接住，并与之相融相即，物我两悦，物我相忘。"我见青山多妩媚，料青山见我应如是。"而心地复杂的人，永远不会有这个活泼的心地，开放的心灵，审美的心胸。

儒家以"仁"为核心价值。《易经》云："天地之大德曰生"。儒家说天地有仁心，所以能够化育万物，使万物各尽其性，生生不已。而这一念天地仁心，也存在于每个人的本性当中。只不过这点仁心本性，被人欲的尘垢所遮蔽，所以儒者应该立诚主静，格物致知，修身养性，证得并维系这一念仁心，然后再去齐家治国，为天地立心，为生民立命，为万世开太平。仁者具仁爱之心，充满生生之念，根据投射效应，自然看待万物万象都是活泼灵动，生机盎然。而从唯心的传统来说，境由心造，仁爱之心化育一片仁爱的天地。一个仁爱的统治者，可以带出一个充满生机活力的国家；一个仁爱的领导，可以带出一个充满生机活力的单位；一个仁爱的父母，可以带出一个充满生机活力的家庭。

41 人皆有一癖，我癖在冶游

原文

性天澄澈，即饥餐渴饮，无非康济身心；心地沉迷，纵谈禅演偈，总是拨弄精魂。

译解

天性淡泊的人，即便是不修行过着简单寻常的日子，也是在无心中修养身心；沉迷世欲的人，就算是天天都在高谈佛理演说禅偈，也不过在白白损耗精神。

感悟

中晚明的思想风潮，把高高在上心性之学拉回人间，染上浓厚的世俗色彩。其特点就是反对假道学，重视自我，张扬个性，肯定人欲。这个时候的道学家说：穿衣吃饭即天理，百姓日用就是道。阳明心学发展到末流，狂怪另类，放荡不羁，文人士子既想获得精神拯救，又不放弃人生乐趣，肉欲享受，所以产生中晚明士人谈心论性、参禅问道与征歌逐舞、嫖娼宿妓并行不悖的奇观。“公安三袁”之袁中道,在一首《感怀诗》中,写自己理想的生活方式:在山村的松林里建三层楼。上面这层楼，是用来参禅打坐的；中间这层楼，是用来藏书的，松风飕飕之中，左手持佛经，右手持《庄子》，不亦乐乎;下面这层楼，要藏一个歌舞团,用来与客人共享欢乐。其中要有一间房,里面藏着一个绝色美女，又善跳舞，又会唱歌，平常不让她见人，待到贵客来时，把她请出来亮相出风头，好不得意!

从其一生行迹来看，袁中道是一个沉迷欲望难以自拔的人物。终日以浪荡游乐为务，他自己也毫不避讳，这也是晚明士子的“真我”性格。他说“人皆有一癖，我癖在冶游”，声称“入拥坐间红，出看西山碧，此自人间第一佳事”，颇有日本浪人“醉枕美人膝，醒握天下权”的派头。奇怪的是，他也念佛参禅。“闲淡寻找方丈，疏狂逐狭邪”，证明他于沉迷中尚有一念觉心。晚明还有著名文人兼梅毒患者屠隆，他也热爱佛学，追随有名的昙阳大师修道。而且写了专门谈修身养性、参禅论道的书《娑罗馆清言》、《续娑罗馆清言》，诸如“山河天眼里，不知山河即是天眼，世界法身中，不知世界即是法身”、“至人除心不除境，境在而心常寂然；凡人除境不除心，境去而心犹牵绊”等，义理剖析，不能说不精微透彻。此人做过官，颇关心民瘼，在任上也有政

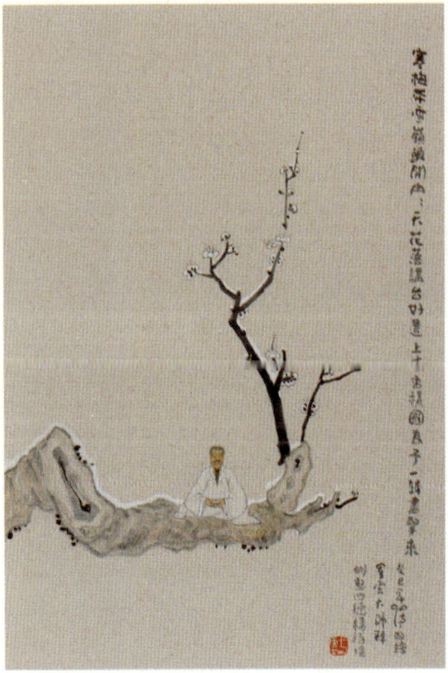

绩，人品也不错，但不知为什么，总是管不住自己的情欲，美女娈童，兼收并蓄，私生活颇为混乱，成为文人堕落的典型人物。袁中道、屠隆等在中晚明不是个案，在那个末世，代表了一个风潮。

所以，在中晚明，文人参禅论道，蔚为时尚。明知是口头禅，但还是要说。一则证明，佛学是一门伟大精深的学问，将之作为学问来研究探讨，也是趣味无穷；一则也证明，人在放纵的时候，特别是文人在放纵的时候，内心会有一种对下地狱的深深恐惧。参禅问道，实际上也是内心一种自我拯救的自觉在起作用。所以晚明文人，看似潇洒，其实纠结得可以。就如袁中道、屠隆等，内心始终活在极端的冲突之中。一边放纵，一边自责，放纵时想着地狱恶鬼的苦楚，寂寞时想着酒朋肉欲的极乐，人生两不靠边，两无安顿。

菜根谭主对文人士子这种末世心态想必看得很清楚。所以他规劝这些才子们，不能过于放纵沉迷。一个淡泊明志、宁静致远的人，动见观瞻，皆是禅意，饥餐渴饮，都是修行，哪里用得着天天去找方丈求法，天天去禅堂打坐？而一个放纵欲望难以自拔的人，即便是天天去参禅演偈，也不过是徒然浪费精力，既拯救不了自己的精神，也拯救不了自己的肉身。袁中道死于壮年，屠隆死于梅毒，这或许就是殷鉴。

42 在山泉水清，出山泉水浊

原文

田夫野叟，语以黄鸡白酒则欣然喜，问以鼎养则不知；语以缊袍短褐则油然乐，问以衮服则不识。其天全，故其欲淡，此是人生第一个境界。

山肴不经世人灌溉，野禽不受世人豢养，其味皆香而冽。吾人能不为世法所点染，其臭味不迥然别乎！

山林之士清苦而逸趣自饶，农野之夫鄙略而天真浑具。若一失身市井驵侩，不若转死沟壑神骨犹清。

译解

乡野老农，谈起家常菜肴，他们感到兴致勃勃，问到山珍海味，他们都默不出声；谈起粗衣布袍，他们感到喜悦亲切，问到玉带蟒服，他们都摇头不知。因为保全了天性，所以他们欲望淡薄。能够做到这一点可以说达到了人生第一境界了。

山里长的野菜因为没有经过肥料的浇灌，乡间的野禽因为没有经过人工的饲养，所以它们的味道香甜而醇厚。而我等如果不被世间庸俗的习气所染污，那我们身上所散发出来的味道便与世俗之人完全不同。

过山居生活的隐士，虽然清苦，但充满了闲情逸致；以耕种为业的农夫，虽然见识不多，但充满了天真纯朴。如果天天与屠夫商贩在一块，还不如死在荒郊野地，能够保持清雅的丰神气骨。

感悟

天地有阴阳，人是小天地。人心都有真善美假恶丑的因子。乡野之地，未必净是好人，市井之地，未必尽是坏人。资中筠说自己是人性双重论者："人性中原本善恶并存，在某些环境和制度中，恶的一面可能会被激发出来；反之，善也可以发挥得非常好。"资先生的观点，我也基本赞同。乡野村夫，日出而作，日落而息，没有被外部世界的钩心斗角尔虞我诈所沾染，没有被外部世界的声色犬马浮华生活所沾染，内在的欲和恶就无从发育，所以坏不起来。正是因为孤陋寡闻，正是因为没有见识，正是因为生活清苦，所以人就会简单淳朴，乡气十足。"此是人生第一境界"，乡野之人未必有这个感觉，只是读书人内心的投射而已。乡野之人，说起黄鸡白酒、粗衣布服便喜笑颜开，因为这些东西会带来温饱之乐，而一旦他们见识到了龙肝凤髓，蟒服玉袍的

时候，他们未必不喜欢，也许更喜欢，因为这些可以给他们带来享受之乐。报上不是登过很多案例吗，一些农村出身的贪官，小时候吃苦、老实、简朴，后来出人头地做了官，就变得贪得无厌起来，一点也不比别的贪官差。果然是：在山泉水清，出山泉水浊。

中国历史上的世俗世界，是一个大染缸，柏杨先生称之为“酱缸”。古往今来，人生的功业文章必须在这个酱缸中获取，人生的荣华富贵必须在这个酱缸中得来。所以，套用现在的话来说，人生要成功，就必须融入这个酱缸，与这个酱缸俯仰相得，在这个酱缸里左右逢源，明争暗斗，予取予求。中国历来人多，愿意在酱缸里同流合污、同黑共臭的人不绝如缕，但也有一些人品性清高，追求高洁境界干净世界。所谓“世法”，就是“酱缸”里的活法，他们厌恶这个酱缸，厌弃这种活法，比较来比较去，他们觉得还是山林之地比较接近他们的人生理想，还是乡野之人比较接近他们的生命品格。所以他们会对山林大唱赞歌，愿意隐遁山林过一种简单清苦的生活，愿意吃那些没有激素和膨胀剂的天然食物，愿意接触那些没有被“世法”染污的乡野之人，“若一失身市井驵侩，不若转死沟壑神骨犹清”，这是表达他们对现实的极端不满，对酱缸的极端厌恶之情。

其实，他们和他们，并不是同一类人。一类是没有出过山的人，一种是出过山而又想回到山里的人。

43 远山飘来的木叶清香，你闻得到吗？

原文

机息时，便有月到风来，不必苦海人世；心远处，自无车尘马迹，何须痼疾丘山。

世人为荣利缠缚，动曰尘世苦海，不知云白山青，川行石立，花迎鸟笑，谷答樵讴，世亦不尘，海亦不苦，彼自尘苦其心尔。

译解

放下争抢算计之心，自然会感到明月投怀，清风送爽，不必把人世当成苦海；内心保持宁静淡泊，自然不会有车马喧嚣，红尘扰扰，何须眷恋山林的清净。

世上之人为名利缠缚，动不动就说尘世犹如苦海。他们哪里能欣赏到白云缭绕青山、流水穿越峭岩的美丽风景？哪里能够感受到花香扑面而来、鸟儿快乐啼鸣的活泼兴味？哪里能够体会到樵子在山上唱歌、山谷欣然回应的无穷乐趣？其实，世界这么美好，并非苦海无边。只不过被名缰利锁套牢的人，自己把自己的内心弄得憔悴不堪、烦恼不断而已。

感悟

作为一个红尘中人，当内心充满了盘算、堤防、争抢之心的时候，充满了上位、获取、暴富、发达之念的时候，充满焦躁、抑郁、嫉妒、愤怒之情的时候，心中有否诗意？对外在的环境有何诗意的感受？我想应该是不会有的。明月投怀不知，清风送爽不觉，云白山青视而不见，花迎鸟笑充耳不闻。便纵有万般美景，千种风情，只不过付与断井颓垣，蔓草荒烟。在心心念念只要复国的慕容复眼中，千娇百媚，语嫣然、笑倩然的表妹王语嫣，不过是一堆骨血人肉而已。

《五灯会元》载，四祖道信随三祖僧璨习禅。初礼三祖，道信便说："请和尚发慈悲，给个解脱法门。"三祖反问："哪个捆绑你了？"道信说："没人捆绑我呀。"三祖说："既然没有人捆绑你，那你还要求解脱干什么呢？"道信闻言，当下便悟。站在禅家的立场来说，人所感到的束缚，不在外面，而在我们的内心，来自于内心的颠倒妄想，也就是分别、计度、执着。如果看破了这些妄想，知道它们来无所来，去无所去，当体即空，不再被它们所转，人就当下解脱。内心不解脱，人生永远不自在。

我们每个人内心都有一座美丽的花园——古人称之为"性天"。人生幸福与否，在于是否发现并抵达内在这个"性天"。清代名医兼作家石成金写了一本书，叫作《通天乐》，意即：通达性天之乐。他说："令人能通此乐，则俯仰寰宇，凡水流花谢，鱼跃鸢飞，皆性天中之透露，何臭而非我心之真乐。"他又说："世人俱各有性天之乐，原不因处境之顺逆而移也。然人虽各有天乐，鲜得受享者，皆为私欲所蔽。"可见，人之所以不快乐，不是内心没有快乐的因子，而是外在的欲望蒙蔽了内心快乐的因子。程伊川诗云："云淡风轻近午天，傍花随柳过前川。时人不识余心乐，将谓偷闲学少年。"这个理学家的心态是那样的怡然自得，老家伙傍花随柳出场的时候，还真有点像小沈阳的亮相，一副"轻狂自恋"的样子。这也说明，人的性天中有一份"真乐"，这是不分老少的。云淡风轻，花明柳艳，是外境，也是人的性天之境，性天中如果没有这份自在真乐，就难有这份轻盈的感悟。

古龙《陆小凤》中有一个人物，叫花满楼。他是一个盲人，他看不到任何东西，但内心宁静而又快乐。他快乐的理由是："我有很充足的睡眠，有很好的胃口，有这间很舒服的屋子，有一把声音很好的古琴，这些本已足够，何况我还有个很好的朋友。"他会问别人："你有没有听见过雪花飘落在屋顶上的声音？你能不能感觉到花蕾在春风里慢慢开放时那种美妙的生命力？你知不知道秋风中常常都带着一种从远山上传过来的木叶清香？"雪花飘落屋顶的声音，春风里慢慢开放的花蕾，远山飘来的木叶清香，与其说都是来自外境，不如说是来自花满楼的内心——快乐而又简单的内心。

一般来说，人都是自由的，是名缰利锁、计度执着捆住了自己；人都是快乐的，是名缰利锁、计度执着蒙蔽了内心的快乐。在这样的情况下，人不但关闭了花果飘香的内在园林，而且丧失了审美的触觉，快乐的心境，自在的生命。菜根云："利欲炽然即是火坑，贪爱沉溺便是苦海。"人若把自己关在火坑里，投在苦海里，那么世界再美好，与你也没有关系，姹紫嫣红总是别人的园林，赏心乐事总是别家的院子。

利欲熏心的人，过得比别人苦，比别人累，五内如焚，焦躁无眠。他们有时也向往过自在轻松的日子，他们也会找个清净的地方来躲避喧嚣，放松自我。但机未息，心不止，清净山林也是喧嚣红尘，欲静何曾静，放松未必松。人生要得到真正的放松，还是要把捆绑自己的绳子，一根根解下来，把蒙蔽天性的欲尘，一点点除掉去。

44 尘情物欲，封闭了慈悲本心，遮蔽了生命慧眼

原文

人人有个大慈悲，维摩屠刽无二心也；处处有种真趣味，金屋茅檐非两地也。只是欲闭情封，当面错过，便咫尺千里矣。

译解

人人都有一颗慈悲本心，这一点维摩居士和屠夫刽子手之间并没有本质的不同；天地间处处都展现生命真趣，这一点金马玉堂和草寮茅屋之间也没有什么两样。人往往被太多的尘情物欲所遮蔽，所以发掘不了自己的慈悲本心，体味不了天地间的生命真趣，视而不见，充耳不闻，当面错过，差之千里。

感悟

佛教认为，佛性清净，佛心慈悲，人人本具，不假外求。人人都有佛性，连一阐提人（没有慧根的人）都有。只不过有人生性清净，慧根夙具，佛性佛心似隐若显；有人天生痴顽，

似傻如狂，所以佛性佛心紧裹在贪嗔痴诸欲的尘垢里。这条菜根说的是，就慈悲本心来说，佛教大居士维摩诘具备，杀猪的屠夫、杀人的刽子手也具备。维摩诘是毘舍离城中的富商长者，与释迦牟尼同时代，他身处富贵而深具慧根，慈悲方便，辩才无碍，在欲行禅，火中生莲。“虽处居家，不着三界；示有妻子，常修梵行”，是佛教最早在家修行得道的大居士。诗人王维特别崇敬维摩诘，所以给自己取名王维，字摩诘。屠夫和刽子手，干的都是杀生的活计，按佛教的观点来说，都是要在死后堕地狱受苦报的，但是，即便是这种人，也有佛性的因子，什么时候他们天良发现，或遇到高人点化，放下屠刀，从此洗心革面，忏悔恶业，积累善业福德，就有摆脱地狱，向上提升的可能，甚至成佛的可能。金庸小说高明之处在于，他的人物没有绝对的好人，也没有绝对的坏人，再恶的恶人，如无恶不作的叶二娘，见子犹起温存之意，大魔头李莫愁，见婴儿犹生母性之慈。所谓“维摩屠刽无二心也”。

草枯木落之处，见天地之真正消息；花繁柳密之地，识宇宙之本来面目。道家说，一生二，二生三，三生天地万物。一切天地万物，都源于“道”体，“无不从此法界流，无不回归此法界”。一切万物，千差万别，都有自己的特性；一切万物，都从母体生，都具备母体的共性因子。所以日月星宿、山河大地、溪涧源泉、草木丛林、一切大海、诸须弥山无处不显现天地宇宙的真生命真精神真趣味。金马玉堂，故宫大殿，有堂皇正大之美，有安逸宽舒可享；竹篱茅舍，小桥流水，有清静幽雅之致，有明月清风之无尽藏可取。不管是处在一个怎样的境地，人心只要一念活泼生机不灭，都能感应到天地造化无处不在的真趣味真精神，都能找到怡情养性、安身立命之道。

人人都有慈悲心。维摩一念蒙昧，便等同屠刽之凶顽，屠刽一念善起，便可期维摩之觉悟。天地都有真趣味。但人如欲念狂图充塞于心胸，那身置金马玉堂，无异火窟烧烤，眼前绝代风华，不过草木瓦砾。就如一心兴复大燕的慕容复，在他眼中，如花似玉风情万种的王语嫣小姐，与粗服乱头布衣荆钗的莽妇村姑，可能没什么两样。因为，欲念狂图已经遮蔽了他审美的慧眼。

45 走过红尘，看过繁华

原文

雨余观山色，景色便觉新妍；夜静听钟声，音响尤为清越。

译解

雨后看远山，觉得景色格外美丽清新。静夜听钟声，觉得声音格外清脆悠扬。

感悟

远山经过一场新雨，就像美人刚刚出浴，清扬婉丽，明眸流转，别有一番新鲜灵动之致。夜深人静之际，红尘喧嚣渐渐落幕乃至沉寂，梵宇的钟声在耳边响起，一声比一声清越、悠扬。这是尘垢洗净的世界，这是繁华剥落的世界，明丽，清幽，沉静。宛如冰心笔下林中月下的青山，如娟娟的静女，低眉垂袖，璎珞矜严。

这个世界，与其说是文人雅士喜欢的现象世界，不如说是他们心灵世界的投射。“结庐在人境，而无车马喧。问君何能尔，心远地自偏。”这是陶渊明的心灵世界，淡泊，玄远。“江天一色无纤尘，皎皎空中孤月轮。”这是张若虚的心灵世界，空灵，幽远。“木末芙蓉花，山中发红萼。涧户寂无人，纷纷开且落。”这是王维的心灵世界，清幽，寂冷。“时见幽人独往来，飘渺孤鸿影。”“拣尽寒枝不肯栖，寂寞沙洲冷。”这是苏东坡的心灵世界，孤独，冷傲。世界上总有那么一些人，或天生就不喜欢人世间的红尘扰扰，或厌恶人际间的莫名其妙的复杂，或不肯与浑浊无道的现实合作，或被现实无情地抛离到边缘之地，于是他们转而投向庄禅化的内心，寻求心灵的安顿和生命的内在超越。“雨余观山色，景色便觉新妍；夜静听钟声，音响尤为清越。”这是一个走过红尘，看过繁华的人，从夏花之绚烂走向秋叶之静美的人，对生命独特而又深刻的感悟。老子说：“夫物芸芸，各归其根，归根曰静，静曰复命。”也许，生命的本来面目，就在于道家所云“清虚”，佛教所云“清净”吧。清虚中能见道体，清净中能与自性相应。

每次见到“澡雪精神”这句话，我都莫名其妙地喜欢。这句出自《庄子·知北游》：“汝齐戒，疏瀹而心，澡雪而精神。”古人认为雪色洁白无瑕，晶莹剔透，乃世间至纯之物，以雪涤身，可以清洁精神意志，换句话说，可以清洗心灵，涤除灵魂的杂质。刘勰《文心雕龙·神思》云："疏瀹五藏，澡雪精神。"刘勰的本意，是要让自己的内心处于虚静的状态，这样写文章才会出现灵感。但我喜欢这句话，是因为我们的心灵经常染尘。蒙田这样说自己："从我身上可以找到所有矛盾：羞怯，蛮横；贞洁，淫荡；健谈，寡言；坚强，纤弱；聪明，愚鲁；暴戾，和蔼；撒谎，诚实；博学，无知；慷慨，吝啬又奢侈。所有这些，我都在自己身上或多或少地看到……"我想我们也应该是。每次读到"澡雪精神"这句话，就觉得自己的五脏六腑被冰雪洗涤了一遍，有那么片刻的冰清玉洁、清心爽气之感。

"澡雪精神"的意思，古人还经常用"洗心"两个字来表达。万丈红尘中，我们的心灵会产生大量的垃圾，从而蒙蔽宁静的本心，所以我们经常要洗洗自己的内心。大儒邵雍有《洗心吟》诗云："人多求洗身，殊不求洗心。洗身去尘垢，洗心去邪淫。尘垢用水洗，邪淫非能淋。必欲去心垢，须弹无弦琴。"

46 放慢脚步，让灵魂跟上

原文

人生太闲，则别念窃生；太忙，则真性不显。故士君子不可不抱身心之忧，亦不可不耽风月之趣。

译解

人生太闲了，就会百无聊赖胡思乱想；人生太忙了，又会忽视自己的真心本性。所以有修养的君子，既不能不让自己的身心处于紧张的状态，又不能不让自己领略风雅闲适的趣味。

感悟

俗话说，饱暖思淫欲，饥寒起盗心。一个人要是整日饱食终日，无所事事，那么这个人多半会穷极无聊，没事找事。世间很多坏事，无聊的事，多半就是这些人干出来的。反过来，一个要是整日忙得头不点地，昏天黑地，那么这个人多半不懂得生命的真正意义是什么。当然，从心理学的意义来说，人总是紧绷自己的生命，忙忙碌碌不停不息，那么，他就顾不上照

料自己的内心，那么，他的内心就会反弹，就会生出一些叫作焦虑、抑郁、浮躁的东西出来，提醒这个忙碌的人——应该放慢脚步了，让灵魂跟上。从形而上的意义来说，一个人向外驰求，奔竞不息，那么，他就无法反观内视，省察内心，就永远与发现不了自己内在本有的心性——这个心性，佛家说，一切具足，本来圆满。

孔子说，一张一弛，文武之道。凡事总要讲个平衡，失去了平衡，就会出毛病。人如此，社会如此，国家也如此。

47 宇宙实相，不过是本地风光

原文

醲肥辛甘非真味，真味只是淡；神奇卓异非至人，至人只是常。

译解

肥甘厚味不是真正的好味，真正的好味只在清淡；卓绝超凡不是真正的高人，真正的高人只是平常。

感悟

对外国人来讲，中国的道理总是似是而非。人人都认为好味道的，但中国文化却偏说它不是真正的好味道，说真正的好味道就是没有味道的味道。人人都认为很厉害的人，可中国文化却说他们不是真正的厉害，真正厉害的人是普通平常的人。

中国的文化传统，是一种“玄”的传统。比如说老子所说的那个终极的本原“道”。道是什么？“道可道，非常道”；“有物混成，先天地生，寂兮寥兮，独立而不改”；“玄而又玄，众

濁水盡清珠有力
亂心不動
佛無虧眼
前盡是
家鄉
路
不用
逢人
覓指歸
中峰明本禪師詩境

妙之门”。总之，“道”看不见，摸不着，不能说，不能闻，来无来，去无去，在天地未成之前他就存在者，无依无傍地存在着，它是那样幽玄，幽玄得无从把握，但它又能化能作，无时不刻在起作用。一切有形有相的宇宙万象无不从这个“道”的母体中化育而生，成住坏空后，又回到这个母体，如此生灭不已。

老子说，大象无形，大音希声。无形乃象之极，无声乃音之极，无色乃色之极，无味乃味之极。中国哲学的最高境界，就是这个幽玄的境界，这个幽玄的境界，就是本原，就是终极，就是永恒，是中国文人的心灵之乡精神归宿。这种幽玄之思老子将之融入人生态度，就是：为无为，事无事，味无味。这种幽玄之思后来影响到中国的文艺领域，就是讲究韵外之致、象外之象、味外之旨。禅宗传入中国后，更加强化了这种倾向，严羽以禅喻诗，认为好诗如悟禅，羚羊挂角，无迹可求，透彻玲珑，不可凑泊，言有尽而意无穷。

庄子《齐物论》说：“至人神矣！大泽焚而不能热，河汉沍而不能寒，疾雷破山、飘风振海而不能惊。若然者，乘云气，骑日月，而游乎四海之外。死生无变于己，而况利害之端乎！”意思是说，最高境界的“至人”，能够和日月相依傍，与宇宙为一体，托身于无垠的时空，滔天洪水淹不着他，酷寒高温伤不着他，霹雳暴风惊不着他。从庄子这里来看，至人还是有些神奇卓异的。

佛家则认为，最真实的就是最本然的，穿衣吃饭都是道，青青翠竹尽是法身，郁郁黄花无非般若。证到宇宙实相，升到极乐世界，不过是回到了老家，见到了本地风光而已，没有什么神神奇奇的，一切都是常。真正的高人悟到宇宙真谛是法尔如是，真正的高人其实与常人无异，不同的是他怀里揣这一颗无执无染的心。只有那些半通不通、心里没底、火候不到、功力不纯的人，才会努力做作出一种佛相、道相、境界相、高深相、不凡相，从而让别人肃然起敬，收获些名闻利养。

48 做一个平而不凡的草根名流

原文

作人无甚高远的事业，摆脱得俗情便入名流；为学无甚增益的工夫，减除得物累便臻圣境。

译解

做人不奢求什么高远事业，只要能摆脱世俗的欲念，就可跻身名流；修学没有什么特别的诀窍，只要能斩断外物的缠绕，便可达到圣境。

感悟

所谓名流，顾名思义，就是著名人物，形形色色的著名人物。中国的传统，好像只是关注名流。中国古代的历史书，从正史野史一路读过去，都是些帝王将相、才子佳人，好像这偌大的历史时空，只堪容得下这么几类人物。

人间为何苦难多，就是因为想做名流的人太多。要做强人中的名流，就会大开杀戒大动干戈，一个将军肩头上的一条杠，不知道要有多少具尸首来铺垫；一个帝王要抢到江山，没有上亿也得有几千万条生命来砌成权力的金殿。要做富人中的名流，就要巧取豪夺横收暴敛，财富集中到名流手中，则千千万万普通人就要损家破产饿死填沟壑。所以，这个世界没有名流最好。英雄出、伟人兴、富豪多的时代，就是动荡不安、生灵涂炭、贫富失衡的时代。“喜看稻菽千重浪，遍地英雄下夕烟。”名流退场之时，才是百姓的安生之日。

确实，眼下那些到处招摇过市的名流，有不少是为人所不齿的。吹牛拍马做了官，就成了政界名流；巧取豪夺赚了钱，就成了商界名流；口沫四溅吆喝一点国学，就成了学界名流；一点见不得人的绯闻破事到处曝光，就成娱界名流。所以，很多名流不过是野心比别人大，欲望比别人多，脑子比别人活，手段比别人巧，面皮比别人厚，心肠比别人黑的人而已。很多名流，往往败坏世道人心，往往搞乱和谐社会，往往破坏经济民生；很多名流，都有亢奋的事业欲求，其实，他们的事业越亢奋，老百姓就越遭殃。所以，名流并不都值得人们崇仰，不少是强人无赖而已。当然也有好名流，这一点暂且不表。

其实，在我们的古代社会评判传统中，“名流”不光是著名人物，而且还要有品行，有格调，有德望，有绝活，有个性。在魏晋时代，名

流绝不仅仅指那些高官显贵、巨富大亨、青楼艳色，而是指像阮籍、嵇康、刘伶、谢灵运、王羲之等诸号人物，也叫“名士”。他们共同的特点就是不肯随波逐流、与世俯仰，有着自己独立的思想和人格精神，为了捍卫自己的个性，有的甚至可以不要命。

魏晋时期是一个讲门阀、讲出身的时代，“名士风流”与普通人之间，还是有距离的。但到了后来，随着佛教禅宗“人人皆可成佛”以及儒家心学“人人皆可成圣贤”思想的风行，人们逐渐认为，不管人的穷通贵贱，只要大家对世俗功名有一份超然的心态，对诗书文艺有一份风雅的情怀，对道德人格有一份独立的坚持，那就不是名流也是名流了。山西乔家大院书房有一副对联：读书即未成名究竟人高品雅，修德不期获报自然梦稳心安。

在我个人眼中，名流，不是有钱有势有名有利有才有貌，而是一种淡定从容的精神气质，一种有所坚持的精神品格，一种自强不息的人生态度，一种水穷云起的心灵状态。所以，不必一心向往做物欲的名流，削尖脑袋做权势的名流，而是要做平而不凡的草根名流，不与别人攀比，以今天为起点，有一点点进步，一点点感悟，一点点超越，就值得庆快平生。

揉乱世道人心安宁和谐的东西是什么？是物欲。因此，古圣先贤为人们指出了一条修身养性的路途，那就是克制物欲，清除妄念，反观内视，拥抱内在的宇宙，成佛得道，成圣成贤。相对于外在的追索，这一条路是做减法，减得越多，越彻底，空得越多，越彻底，人就越身心自在。所以，只要大家摆得脱俗情、看得穿幻境、挡得住物欲、清得净自我，人人皆可做圣贤。

49 人人心中都有部真鼓吹，但少有人静下心来默默倾听

原文

人心有一部真文章，都被残篇断简封锢了；有一部真鼓吹，都被妖歌艳舞湮没了。学者须扫除外物，直觅本来，才有个真受用。

译解

每个人的心灵深处都有一部真正的好文章，可惜却残篇断简给遮蔽了；每个人的心灵深处都有一部天籁之音，可惜却妖歌艳舞给埋没了。所以一个修学问道的人，必须斩断外物的侵扰，清除内心的荫翳，直接体证自性本我，这样才能受益无穷。

感悟

佛家说，人人本具佛性因子。这个佛性，也叫真如、自性、本来面目、妙明真心等。《楞严经》云："不知色身，外洎山河虚空大地，咸是妙明真心中物。"这个佛性真心，非空非有，能化能作，充塞天地，深入人心，一多圆融，相涵互摄，无不

从此法界流，无不流入此法界，千江有水千江月，一切水月一月摄。对凡人来说，这个人人都有的佛性真心，只不过被颠倒妄想所蒙蔽了，不能证得而已。

理学家说，“天理”深藏于心。心学家说，人人皆有“良知”。其实，佛性，天理，良知，这是古圣先贤们从各自角度上体悟到的生命实相终极真理，或与之种种关联的形而上形态。站在证道悟禅的角度来说，“真文章”“真鼓吹”比喻的是人心本具的佛性真心天理良知，证道者必须修身养性，斩断外在物欲的羁绊，涤除内心的狂心妄念，修到虚空粉碎狂心顿歇，真如佛性天理良知，当下刹那即刻显现。所谓直指人心、见性成佛。柴陵郁禅师云：“我有明珠一颗，久被尘劳关锁。今朝尘尽光生，照破山河万朵！”这是高人的境界，普通人是体会不到的。

对普通人来讲，我们生活在一个物质的世界，人们把人生的乐趣统统放到外在物质追求和花天酒地的感官刺激上面，人们必须在不断追索、不断占有、不断刺激中才能感觉到生的价值生的质感。而只要一消停下来，就觉得穷极无聊，空虚无边，手足无措，烦恼丛生。其实，按我们的古圣先贤来说，人心其实有篇真文章，很少有人能静下心来反观内视，人心中有部真鼓吹，很少有人放下心来默默倾听。人心浮躁难安，本可安详的心，被外欲牵扯得七上八下，本来清静的心，被妖歌艳舞刺激得狂涛汹涌，真所谓恶紫夺朱、郑声乱雅、痴妄灭真也。

于心灵角度来说，何谓真文章、真鼓吹？我意可喻指一种清静、自在、安详、知足、慈悲、诗意、审美的心态。这些心态范畴与本有的佛性、天理、良知等终极价值有内在必然的连接，人们如能时时处处点亮智慧心灯，注意观照或保持内心的清静和谐，那人生不管处于怎样的境地，都有可能获得快乐安详，而不至于焦虑、狂躁、抑郁乃至精神出问题。

从宗教角度来讲，人在冥想的过程中，会产生一般人难以体悟的“轻安法喜”，而让人欣悦无比（当然，修行并不提倡安住这种境界）。佛教说，静能生慧，长期不懈的修习禅定，功夫到家豁然开悟，本有的智慧次第显现，本心的潜能不断激发，所谓三身四智五眼六通等不可思议的功德都有可能出现，你说这是不是真文章、真鼓吹？

50 行到深山更深处，深山深处更深山

原文

静中静非真静，动处静得来，才是性天之真境；乐处乐非真乐，苦中乐得来，才是心体之真机。

译解

在清幽环境中得到的心的清净，不是真正的清净，在喧嚣的环境中能够保持心的清净，才是人天性中的真正清净；在赏心乐事面前产生的快乐，不是真正的快乐，在艰难困苦面前产生的快乐，才是人天性中的真正快乐。

感悟

慧能大师云："何期自性本自清净，何期自性本无生灭，何期自性本自具足"。人的真心是本来清净如如不动的。能否时时刻刻保持平常心、清净心、不动心，这就要看修炼功夫了。人在清幽清静的环境中，万籁俱静，万缘俱绝，更容易窥见内在本有的清净之心，所以很多修道者喜欢到寂静无人处去清修，

"行到深山更深处，深山深处更深山"，"有时行到孤峰顶，月下披云啸一声"，"一池荷叶衣无尽，数树松花食有余，刚被世人知住处，又移茅舍入深居"，但修静功夫究竟如何，还是要到红尘中去检验。在静中能保持内心清净，但在屠沽酒肆里面呢？在车水马龙面前呢？在声色货利面前呢？在功名富贵面前呢？在诬陷凌辱面前呢？如果在这些"动"的现象面前，能够不起狂心妄念，能够如如不动，能够不随境移不为物迁，能够事来则应事去则空，那么，功夫就比较纯熟了。

《菜根谭》中另有一则菜根："喜寂厌喧者，往往避人以求静。不知意在无人，便成我相，心着于静，便是动根。"如何到得人我一空，动静两忘的境界，可与本条菜根互参。你一心求静，不愿意见到人，怕见到人影响你心中的清净。比如，人比你漂亮，你心中自卑；人比你出息，你心中妒忌；人冒犯了你，你心中恼火。这就证明你的"我执"比较重，"我执"重的人，则脑子里总是念念不忘我的地位、我的财富、我的家庭、我的爱情、我的尊严、我的快乐、我的一切的一切，由此产生对比心，得失心，计较心，悲喜心，千心万念，狂奔如流，这个时候，即便是你躲到广寒宫去，心中还是得不到真静；另外，如果你的心中一直念念不忘这个"静"字，那么就起了执着心，这个执着心就是"动"，就像失眠的人念念都系在"睡"上，反而这个"睡"就是不肯到，必须等到你念头中没有"睡"这个概念，空空蒙蒙，非想非非想，这个时候"睡"就来到了。所以，要得到真静，第一就是要破除"我执"，第二就是破"静"执，人我一空，动静两忘。

静，是修道的重要途径。静，也是人生的重要境界。静，可使人增长智慧；静，可使人专心致志；静，可使人从容笃定。所以，古圣先贤看重"静"的功夫。一些高僧为了养静，有意到花街柳巷去逛荡流连。毛泽东为了养静，特地到闹市区去大声读书。历来大成就者，都是能动能静，动静一如。王阳明如果不是"静"功夫好，就不可能在叛军气势如虹而自己几乎是单枪匹马的情况下默运心机出奇制胜，最后竟以空手套白狼之势平息动乱，建立不世之功业。人其实都怕死，不是说伟人就是不怕死，每临大事有静气，这就是伟人与常人不同的地方。

人逢喜事精神爽，赏心乐事谁家院。人在碰到好事情，产生快乐的心情，这是题中应有之义，人如果在快乐的时候痛哭流涕，在痛苦的时候嘻嘻而笑，这就成了现代心理学中的“精神分裂症”了。但是在有大智慧者的眼中来看，不以物喜，不以己悲，胜固欣然，败亦可喜，宠辱不惊，去留无意，这才是人生最高的境界。人的真心真性，本自圆满具足，你得到金山银山，心性中也没有增加什么，你穷困潦倒苦痛坎坷，其实心性中也没减少什么。人如有这个智慧，在穷愁困顿中，当然不会哭天抢地、怨天尤人，而是心中保持着一份旷达乐观，随遇而安。

孟子云：“天将降大任于斯人也，必先苦其心志，劳其筋骨，饿其体肤，空乏其身，行拂乱其所为，所以动心忍性，曾益其所不能。”在磨难面前，能够保持自信的心态，保持乐观的精神，保持坚忍的意志，把人生磨难当成淬炼自己的药石，当成成就人生事业的必要经历和准备，这样，苦何尝是苦，痛何尝是痛呢。

没有苦，哪有乐的感觉。苦与乐相对待，相依存。公子王孙，金银如山，酒肉如海，妻妾如云，可能他愁眉不展；寻常人家，日晒雨淋，艰苦劳作，小有所获，也许快乐如过年。

51 何期自性本自清净

原文

水不波则自定，鉴不翳则自明。故心无可清，去其混之者，而清自现；乐不必寻，去其苦之者，而乐自存。

译解

水不兴风作浪，自然就会平静，镜子无灰尘遮蔽，自然就会明亮。所以人不必刻意去追求心灵清净，涤除了杂念妄想，心灵自然就清净了；不必刻意去寻找快乐，放下了烦恼纠结，快乐自然就存在了。

感悟

慧能大师说，何期自性本自清净。人心是本来清净的，只因贪嗔痴诸毒无时不在兴风作浪，从而把一潭心湖搅得浊浪滔滔。人心本来是智慧的，只因情欲意识诸般灰尘遮蔽了光芒，从而使内心愚昧昏暗。所以，人要清净，不必做一重“求清”的加法，而只需一心一意做“去欲”的减法就可以了。如果内心杂念不熄，而要强行去求清净，不但清净求不到，而且多了一重“求清净而不得”的烦恼。就如明天要面试，今晚想睡个好觉，如果不放下患得患失之念，则哪怕给自己加了无数个“赶快睡觉”的意念，不也但睡不着觉，反而增加了“想睡着而不得”的焦躁。现代社会人心浮躁，人们渴求心灵的宁静和安详。于是，有的人远离尘嚣，逃避现实，去香格里拉，去青藏疗伤，希望借助外在的宁静减轻自己内心的浮躁，冲淡内心的喜乐悲欢。但是，如果一个人欲念放不下，情痴顿不脱，伤悲化不去，爱恨解不开，去哪里都无济于事。如要说宁静，夜晚多宁静，但对欲念交织的人来说，宁静的夜无疑是熊熊火炉。笔者有一友，素有抑郁症状，为摆脱抑郁，遍游名山，流连数日，拍了许多美丽的照片带回来，同时也把带去的抑郁给原封不动地搬回来，回到熟悉的环境，悲从中来，悲上加悲。古语云，闭门便是深山，读书随处净土。只要切断外在诱惑，淡化内在欲望，清净安详就在心中。

追求快乐是人的天性。某喜剧明星总拿残疾人弱势群体逗乐，国人既嫌弃又离不开他，就是因为要找乐。但中国的智者认为，找的乐，只是一时的乐，而不是长久而永恒的乐。而且世俗所追求的乐，是感官之乐，是快心之乐，是刺激之乐。另一条菜根云：“有一乐境，更有一苦境相对待。有一得意事，便有一失意事相乘除。犹昼夜寒暑之循环，无偏倚也。”这是讲真乐难寻。与真乐难寻相对，烦恼倒是经常不请自到。现实生活中，人绝大多数不快乐，不快乐是因为有烦恼在，烦恼的根源是无穷无尽的欲望，欲望无穷必招致求而不得，求而不得就是佛教所云“求不得苦”。如果说，挣扎在温饱线上的贫民为生存而烦恼是有情有可原的烦恼，那么，那些身拥八辈子花不完的钱的人也烦恼，那一定是自寻烦恼。所以对大多数烦恼的人来说，快乐与否只是一念之差，只要发心把欲望放下，把烦恼勘破，触处都是水碧天青，云卷云舒。菜根云：“利欲炽然，即是火烧；贪爱沉溺，便是苦海；一念清静，烈焰成池；一念惊觉，航登彼岸。”其实这个道理无人不懂，就是搞不懂为什么那么多人惨兮兮地甘愿飞蛾扑火。从这个角度来讲，高贵的人们，其实都是低贱的。佛说，娑婆世界是剧苦流离的世界，造化造人又弄人，这是人的宿命。

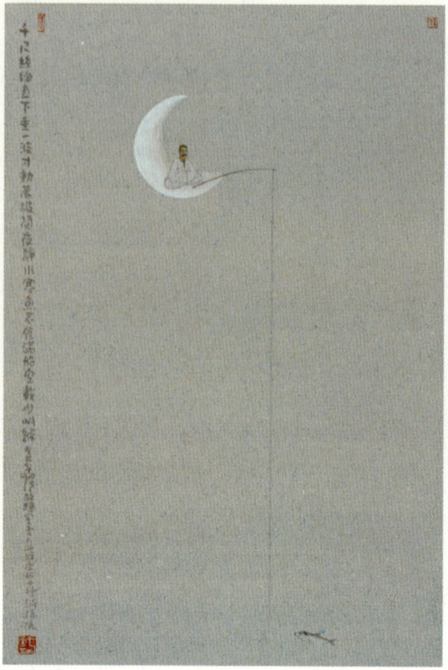

按佛禅一派来说，清净就是至乐，禅悦就是至乐，涅槃是就至乐；按老庄来说，无为就是至乐，坐忘就是至乐，无所待就是至乐，逍遥就是至乐。总的来说，有乐之乐，是相对的乐，无乐之乐，才是绝对的乐。如何追求无乐之乐，那就是：少私寡欲，返璞归真，勤修戒定慧，熄灭贪嗔痴。菜根又云：“斗室中，万虑都捐，说甚画栋飞云，珠帘卷雨；三杯后，一真自得，唯知素琴横月，短笛吟风。”你看，抛了俗念，弃了浮华，丢了烦恼，显了性灵，恬然自得，其乐何如。

古人有首《除烦恼歌》，颇有意味，录之于此：“百年偶寄，何苦烦恼。天地缺陷，人生皆有。生初坠地，哭声一吼。身落尘世，烦恼居首。烦字从火，内焚外燎。脏腑焦躁，形貌枯槁。精因之摇，神因之扰。气因之丧，寿因之夭。人故明知，烦恼自讨。气性之偏，习而难矫。执迷者多，醒悟者少。当烦恼时，心境内照。譬如此身，冥冥杳杳。坠地以前，归土以后。此身俱无，烦恼尽扫！”

52 艺术相，佛相，官相

原文

能脱俗便是奇，作意尚奇者，不为奇而为异；不合污便是清，绝俗求清者，不为清而为激。

译解

能够脱俗，便是奇特，如果刻意去标新立异，就不是奇特，而是怪诞；不肯合污，就是清高，断绝世俗以标榜自己，就不是清高，而是偏激。

感悟

世界上什么是奇？哲学家们说，大道至简，一切至高的理都寓于平常的事物当中。释迦牟尼佛彻悟到一切的一切，都来自一个至简的本体，而这个至简的本体，则能化作一切的一切，又能收回一切的一切。本体是奇的，因为本体普通人难以把握；但本体又不是奇，因为我们所接触到的任何事物，里面都有本体的因子。宇宙天地间万象森罗，目迷五色，但归结到科学家那里，也就是质子、中子、电子而已；太阳是地球的生命之母，但太阳构成却非常简单，主要成分就是氢原子；能量是地球生物的源泉，但地球上所有的能量，归根结底都是来自于一个简单的公式：E=MC2；人千奇百怪，有的艳若西施，有的丑比无盐，有的道貌岸然，有的獐头鼠目，在佛家眼里也就是地火水风四种元素。所以，从哲学意义上来讲，奇与不奇，一体两面，奇而不奇，不奇而奇。

在现实生活中，什么是奇？可望而难即的东西是奇，未知的领域是奇。比如，月亮是奇，因为传说中那里有嫦娥月兔怎么的，但当阿姆斯特朗一脚踏上那儿，发现那不过是一片荒凉丑陋的不毛之地，所以奇也不奇；在探险者眼中，从未踏足的新大陆是奇，但一旦抵达，则发现印第安人也没有长三只脚，所以奇而不奇。高官厚禄，人们很向往，一旦实现，发现人还是日食三餐，夜眠一床，所以奇而不奇。再奇怪的东西，见过两三回，就不觉得奇了。

任何事情都有两面性。求奇，也有两面性。哪些人喜欢求奇？兴趣浓厚的人求奇，求知欲强的人求奇，欲望多的人求奇，空虚的人求奇。前两种求奇，是正向的，兴趣是人生最好的老师，好奇心是人类探索未知领域的最大动力。后两种则是负面的，欲望多的人求奇，是为了占有，为了满足自己的贪欲心；空虚的人求奇，是为了感官的刺激，是为了精神的无聊。因为他们还不知人还有一个丰盈的内心，所以有的人追求奇装异服，追求山珍海味，追求特立独行，追求奇谈怪论，追求妖歌艳舞，追来追去，追成了怪诞，追成了神经病，追成了不三不四不伦不类。

略嫌扯远了。其实菜根本意是，无论为人处事，都要真诚自然，不要刻意标榜，是好人，自然地去做好人就是了，不要唯恐别人不知你是好人；是雅人，自己去吟风弄月就是了，不要唯恐天下不知你是雅人；佛弟子追求超凡脱俗、生命解脱，也要从穿衣吃饭扫地筛茶等日用中入手，不要把自己弄成一脸的佛相，唯恐别人不知道你是学佛的人；现在的艺术家，一副艺术家的派头；现在的作家，则一脸作家似的不屑；现在的官员，一副趾高气扬不可一世的样子，或者一副可亲可敬的样子。难道戴了马甲，就不是王八吗？这些说穿了，都是作意尚奇。

清高两字，好像是个贬义词，但我个人很喜欢，觉得人应清高，但清高的人，自自然然地去坚守自己的原则就是了，不要刻意与普通大众弄到水火不相容的地步，这样清高就成了偏执，成了孤傲，奶奶不亲，舅舅不疼。社会本来就是应该多元化，你可以与众不同，但你无法超越社会公认的规则和习惯；你可以做自己，但你不应让别人都成你自己。

53 每个人心中都深藏着庄子、佛陀

原文

夸逞功业，炫耀文章，皆是靠外物做人。不知心体莹然，本来不失，即无寸功只字，亦自有堂堂正正做人处。

译解

夸耀自己的功业，吹嘘自己的文章，都是依靠身外之物来处世立身。殊不知人都具有清明澄澈的自然本心，本来就没有失去什么，即使没有半点功业，没有片纸文章，只要不失本心，就能堂堂正正做人。

感悟

人在茫茫星空，何以自处？人生从何来？死从何去？意义何在？价值何存？从古至今，不少人在深究这些问题。儒家认为人生的意义在于立德、立功、立言三不朽；道家认为人生的意义在于不刻意追求意义，自然而然，保全天性，自在逍遥就是意义；佛家认为宇宙万象皆是空幻，人生一切都是幻象，功名利禄是幻象，子女衣帛是幻象，只有真如本性是真，真如本性生宇宙万法，人在万法之中，所以人也具真如本性，人生的意义在放下对外物的执着，证悟内在的真如本性，获得个体生命和宇宙生命的合一和。所以，佛弟子自豪地说：“穷释子，口称贫，实是身贫道不贫，贫则身常披缕褐，道则心藏无价珍。”

但在滚滚红尘，许多人无视内在的珍宝，而把生命的意义放在对外物的追求上，放在对感官的享受上面，从而对外物需索无度，富贵荣华，功名事业，声色犬马。菜根谭主生活在明朝，读书人往往以功业文章来作为生命价值的终极判断，谭主站在更深的悲悯和更高的精神层次上，引导读书人自证自心，自尊自爱，自立自强，回归精神上的充盈和道义上的高贵。

现在的人们有多少能够静下心来思考：我们还有老祖宗给留下的精神财富，我们每人自身都有一个丰沛的心灵等待发掘。不管是佛家的自性本我，道家的自然天性，还是儒家的天理良知；不管是文学上的诗意人生，还是艺术上审美心灵；不管是心理学的超我本能，还是道德家讲的恻隐之心。所以，富贵者在穷奢极欲中丧失精神，平民在油滑庸俗中丧失性灵，贫困之人在自轻自贱中丧失自我。现在物质极尽丰富，产品极尽精巧，但不少人的精神却一片贫瘠，所以人们富也焦虑，贵也浮躁，贫也忧愁，贱也怨艾，心无所安，心归无处。

现在很多人有钱了，想当然就认为自己是贵族了，很多人认为住别墅、开宾利、打高尔夫就是贵族，认为养尊处优、华丽奢侈、气派显赫就是贵族，认为对人呼之即来，挥之即去就是贵族，认为把孩子送到贵族学校去读书就是贵族。可有人说，这不是贵族，这是暴发户。真正的贵族，看重的不是门第财富，而是精神、品格、心灵。真正的贵族精神，是高雅的气质、宽仁的爱心、悲悯的情怀、担当的勇气，是坚强的韧性、人格的尊严、人品中的不媚不娇不卑不亢等。所以，官二代不等于贵族，他们只是有高门第，官血统；大款大腕也不等于贵族，他们只不过有钱而已。

现在的一些人，似乎也越来越不知道什么是真正的高贵，什么是贵族精神。他们失去了“贫家净扫地，贫女净梳头，景色虽不艳丽，气度自是风雅”的古风；他们羡慕富贵，巴结上司，追捧明星，鄙视穷人，贪图小利；他们不甚读书，只爱打牌，玩游戏，凑热闹，吃吃喝喝；他们要么削尖脑袋往上爬，要么自甘平庸猥琐怯弱；他们不太明白相信众生平等。古人早就告诉我们，只要自尊自爱，干净地活着，优雅地活着，有尊严地活着，人人皆有堂堂正正处，人人皆可成贵族，就像心学家讲的那样，人人都是圣贤，只看你愿不愿做。张爱玲也曾经说过，旧上海公寓里的那个电梯工，一定要衣冠楚楚，领带打得整整齐齐，才肯出来给顾客开电梯。不过，目前这个状况，也不能怪人民，怪的是教育，是社会导向，是体制机制。

说到精神贵族，不由得又想到一位古代的老头：庄子。

庄子很穷，布衣草履，经常三餐不继。他本可以不穷，但他自甘贫穷。有一次家里断粮了，便向监河侯借粮。监河侯说：“行呀，我将要得到封地上的赋税，到时我借给你三百金。”庄子回答说：“我昨天在路上听见有人大呼救命，一看，原来是车辙里一条快要干死的鲫鱼，自称是东海大臣，求我能给一升水救活它。我说行呀，我将到南边去拜访吴越大王，请他发西江的大水来迎接您，好吗？”鲫鱼说：“我只要一升水就可活命，可您却说这样不着边际的话，还不如早些到咸鱼市场上去找我吧。”看看，庄子穷到快饿死了，还是这么幽默，真是娱乐至死。

庄子老有才，经常有人请他去做官，但他不喜欢做官，怕做官破坏他的本然，怕富贵束缚他的天性。楚威王遣使备千金请庄子当宰相。庄子一笑拒之：“你没见过祭祀时的牛吗？人们把牛喂得膘肥体壮，还不是为了祭祀时把它牵到太庙杀了作祭品。我宁可在粗茶淡饭中度日，也不去做披红挂彩的牲牛。”那年庄子在

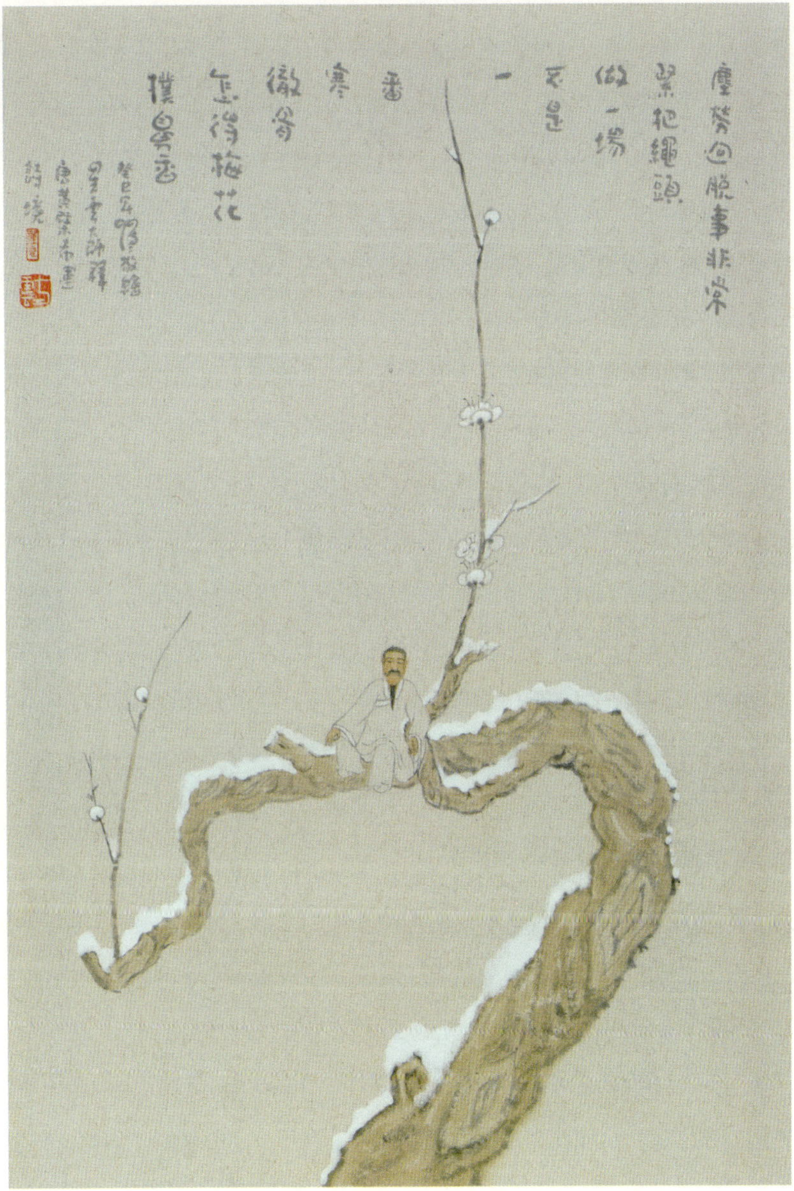
塵勞迥脫事非常
緊把繩頭
做一場
不是
一
番
寒
徹骨
怎得梅花
撲鼻香

濮水垂钓，楚王使者恭敬地站在他身后，庄子持杆说："楚国有一只神龟，死了三千年了，大王把它裹以锦缎供在庙堂。你说，这只龟宁愿待在盒子里受人祭祀，还是愿意活着拖着尾巴在泥巴里摇来摇去呢？"使者回答："宁生而曳尾涂中。"庄子说："你们去吧，我将曳尾于泥涂之中。"你看庄子潇洒不潇洒。

庄子把富贵当成臭老鼠。老朋友惠施在魏国当宰相，庄子去那儿看他。有人告诉惠子说，庄子到魏国来，恐怕要取代你做宰相。惠子一听，很惶恐，派人在国都梁搜捕庄子，折腾了三天三夜。庄子主动前去见他，说："南方有鸟，名叫鹓雏，从南海飞到北海去，非梧桐不栖，非练实不食，非醴泉不饮。一只猫头鹰拾到一只腐臭的老鼠，鹓雏从它面前飞过，猫头鹰仰头看着鹓雏，发出'吓'的怒斥声。现在你也想来吓我吗？"

庄子经常做做梦。梦蝴蝶，醒后不知庄周梦蝶，还是蝶梦庄周。在他的精神世界里，泯除了差别、对立、分别，天地与我并生，万物与我同一，内在精神一空依傍，绝对逍遥。庄子是一个彻悟的智者，通过"心斋""坐忘"等修持方法，进入"朝彻""见独"的境界，融自我与本我一体。他借女偊之口叙述了彻悟的过程：持守三天后，就遗忘天下了，遗忘天下后，我继续持守，七天之后便遗忘万物，遗忘万物后，我继续持守，九天之后就遗忘自我了，遗忘自我了，内心便洞明透彻，内心洞明透彻，则彻见宇宙本体，见到宇宙本体后，就再没有古今之分，进入不死不生的境界，获得了永恒的精神生命。

庄子告诉我们，一切宇宙万象，都是出于一宇宙本体——"道"的演变。这个"道"，躲在万象背后，看不见、听不到、摸不着，但却是实实在在的"有"，这个"道"，时间不能限定它，空间也不能范围它，无始无终，无穷无际，周流八极，变动不居。由"道"演化而为万物，既生种种差别相，这种种的差别相，有生有灭，有始有终，有伦有序，有分有辩；在人则是有彼有此，有是有非，有争有竞。

对绝对的本体而言，既然万象出于一源，则一切的差别都可消泯，是非彼此都可化而为一。所以，人生在世应超越是非得失，齐同万物，自然无为，何必过分地去争去抢，抢得头破血流，抢得天昏地暗日月无光，抢得尸积如山血流成河。

庄子告诉我们，生与死是一体的，是本体的展现、生化、回归的过程。他说，“大块载我以形，劳我以生，佚我以老，息我以死”，生命是假借，是一气之流变，气聚则生，气散则死，所以生是劳顿，死是安顿，生而何欢，死而何惧。他说人的肉体是“附赘悬疣”，死了，便如“决疢溃痈”，说不定要比活着更为快活，就像丽姬嫁于晋国，起初还涕泣沾襟，及至与晋国国君同享富贵，才觉得当初的哭哭啼啼是傻帽。庄子老婆死了，他悲伤过后，立即释然，鼓盆而歌。他说：“细细想来，妻子最初是没有生命的。不仅没有生命，而且也没有形体；不仅没有形体，而且没有气息。在恍恍惚惚之间，本体经过变化而产生气息，又变化而产生形体，又变化而产生生命，如今又变化为死。这种变化，就像春夏秋冬四季那样运行不止，现在她静静地安息了，与宇宙本原冥合为一，而我却还要哭哭啼啼，这不是太不通达了吗？”

由此可见，庄子安贫乐道，抛弃富贵，泯除对立，齐同生死，摆脱了世俗的缠绕，挣脱了肉体的束缚，实现了精神的超越，一颗真精神横绝古今，竖穷三际，与天地精神相往来，绝对逍遥游。你说，庄子是不是一等一的贵族？但大家也别忘了，庄子其实也就是陋街穷巷里一个揭不开锅又借不到粮食而经常挨老婆骂的糟老头子。滚滚风尘里，每个人心中都深藏着庄子，佛陀，甚至基督，有待于我们去殷勤探视、久别重逢。

54 把不如意当成常态，把如意当成意外

原文

世人以心肯处为乐，却被乐心引在苦处；达士以心拂处为乐，终为苦心换得乐来。

译解

一般人以称心如意作为快乐，结果却经常被这种乐心牵引到痛苦的境地；豁达者把不顺心事当作快乐，结果却往往因以苦为乐而得到真正的快乐。

感悟

俗话说，但求无愧于心，岂能尽如人意。世人总是追求事事如意，但老天却偏偏不肯给人事事如意。惯于一帆风顺的人，想得的得到了，想做的做到了，一次一次又一次，称心称心又称心，总是把如意当成应该，把称心当成常态。但人再运气好，总也有得不到的东西，人再有能耐，也有做不成的事。把如意当成理所当然，把称心当成人生常态的人，

往往受到一点点打击、承受一点点不如意，便觉得天塌地陷、天昏地暗、天惨地愁，他的不如意可能只有别人不如意的十分之一，但他的痛苦却是别人痛苦的千百倍。从这方面来讲，经常会有那么一些小失落小折腾把惯于心肯的人抛向痛苦的深渊。造化弄人，既然事实上让你有更多的称心如意，但在心理上却要让你感受比别人更多的苦楚。

以心肯处为乐的人，说穿了，就是欲望比较大的人。这种人，对每一件事情都很在乎，在乎自己的位子，在乎自己的票子，在乎自己的里子，更在乎自己的面子，什么事都想拔头筹，什么事都想得便宜，什么事都想名利双收，大小通吃，忠孝两全，好事占尽，也因为存在这个心思，所以心里总是忐忐忑忑，生怕有闪失，生怕有意外，饭吃不香，觉睡不稳，神经兮兮，患得患失。如果一辈子总是这样，虽然可以肯定他比别人要捞得多，占得多，但同时也可以肯定的是，在这种人的一生中，担惊受怕的时日一定比安稳快乐的时日多，所以说，以心肯为乐的人，客观上实际是生活在苦境当中。

而通达的人，不是没有欲望，而是他的欲望没有盖过他的智慧。他明白，天高西北地陷东南，天地尚无完体，日有盈昃月有圆缺，此事自古难全。所以，他把不如意当成常态，当成人生所必由。所以他面对穷愁苦痛，面对坎坷遭际，能够安之若素，豁达以对，甚至把世路风霜当成磨砺自己心智的契机，从而苦在其中，乐在其中，成长在其中。他也懂得，苦乐穷通，不是绝对，而是可以转化的，所以他乐观向上，一旦碰到机遇，则成功的概率比一般人要高，所以说，以心拂为乐的人，往往艰难困苦，玉汝于成。

通达的人，因为把不如意当成常态，所以把如意当成意外。所以经常会有那么一些小欢喜小获得把惯于心拂的人抛向快乐的天堂。试想，一个人一年能得几次意外之喜，那将是多大的乐事呀。所以，快乐有时只是一种心态，心态不好的人，欲望强烈的人，乐境也是苦境，快乐也是不快乐；心态好的人，安贫乐道的人，苦境也是乐境，不快乐也是快乐，而且经常得到意外的快乐。

55 功业系统与心灵系统

原文

风恬浪静中，见人生之真境；味淡声稀处，识心体之本然。

译解

在安宁悠闲的生活中，能感受人生的真谛；在淡泊清净的心境里，能体悟生命的本然。

感悟

生命的意义何在？如何实现生命的安顿？人之于世，不可避免要面对这些问题。我国传统文化儒道佛三家，都是劝人积极利用人生，只不过方式途径目标不一样。儒家劝人修身齐家治国平天下，道家劝人顺应自然保全天性无为而治，佛家劝人勇猛精进专心办道实现生命的超越。

给人们的感觉，儒家是积极入世的，佛道两家好像是消极遁世的，其实这并不确切。佛家提倡要珍惜此生以实现一个绝大的生命追求，就是证悟自性。普贤警示大众："是日已过，命亦随减，如少水鱼，斯有何乐？当勤精进，如救头燃，但念无常，慎勿放逸。”只不过，他们的追求途径和方式不一样。一是向内求，而不是向外求。当他们斩断外缘，专注向内，甚至闭关掩门的时候，人们不免觉得他们是消极遁世；二是做减法，而不是做加法。也就是减少欲望，净化心灵，将生活的欲求和外在的索取减少到最低程度，人们不免觉得他们与世无争。其实，他们是在与生命中最大的敌人——欲望和习气在搏斗，而且都斗得惊心动魄。其实人最难征服的，不是别人，而是自己。与儒家相比，老庄看起来也有些消极。他们提倡以柔克刚，以弱胜强，以退为进，以静制动，实际上也是要以曲折的方式达到目的；他们提倡绝圣弃智，少私寡欲，顺其自然，无为而治，实际上也是为营造一个人心和谐的世界。只不过，儒家的方法多半要用权威，用刀兵，而道家的方法，却是无用而用，无智而智，无得而得，无为而为。综合起来，可以这么说，儒家的目标是向外求，营建的是人生的功业系统；而佛道两家，是向内求的，营建的是人生的心灵系统。

功业系统和心灵系统，是人生安顿的两个支点。但现实人生中，人们往往重视功业系统，而忽视心灵系统。社会陷入整体性的急躁、浮躁、暴躁当中。最近有份国际调查表明，中国人的幸福感在全球排名第112位。问题出在哪？问题在于人们忽视了心灵系统的作用。

在我们的传统中，儒家是功业传统，佛道两家是心灵传统。心灵传统告诉我们，人要进取，但要取而有道，取而有度，不能被欲望绑架。欲望的放纵会驱使一个人营营不休，需索无度，从而患得患失，牵动喜怒哀乐忧悲恐此起彼伏，搅乱内心安宁，破坏身心的平衡，戕害人的幸福感受。这样的人生，无疑不是幸福人生，而是动荡人生，不安人生。忙起来便焦躁，停下来便无聊，吃饭不香，睡觉不稳，阳光普照，不觉其温暖；清风徐来，不知其和煦；春花烂漫，不觉其美丽；秋水长天，不觉其高远。就像一湖水，如果是风雨大作，浊浪翻天，给人的感觉就是不安甚至恐怖；而当丽日晴天，风平浪静，天上的淡淡云影倒映在蔚蓝澄澈的湖水中，给人的感觉就是静逸，安宁，美好。

心灵传统告诉我们，人都有一个内在的慧命。这个慧命蕴含着宇宙人生的真相和超脱生死的密码。但我们这个慧命被一层层浓艳的欲望所包裹，被一层层情绪的污垢所染污。而我们这个慧命，只有在心灵处于宁静淡泊的状态才能显现，处于空寂无染的情况下才能与之邂逅。如果一个人蝇营狗苟，无暇反顾内心，那么这个慧命便会越来越远；如果一个人嗜欲深重，沉溺于花浓柳艳，那么这个慧命便会越来越远；如果一个人机心不息、百般智巧，那么这个慧命就会越来越远。所以，心灵传统告诉我们，人生的情味在于简单平凡中，生命的真相在宁静淡泊中。人在生存所需等到满足或较好地的满足的同时，就应反顾内在的心灵需求，思考生命的真正意义，探究精神的甚深层次，追求生命的终极超越。这就要从绚烂归于平淡，从繁华落于真淳，从喧闹归于沉寂，从竞奔归于宁静。《红楼梦》说："桃红柳绿待如何，把这韶华打灭，觅那清淡天和。"

中华文化向内探究的心灵传统，看透富贵繁华，远离欲望喧嚣，修美于内，自甘淡泊，恰如真水无香，滋润着一代代中国人的心灵。望当下的人们，在营建功业系统的时候，不要忘记去营造一个精神世界，以真正安顿此心，毕竟，此心安处才是故乡。

56 至高的境界，也就是寻常的境界

原文

惊奇喜异者，无远大之识；苦节独行者，非恒久之操。

译解

一个喜欢神奇怪异事物的人，不一定有高远卓越的见识；一个苦修名节特立独行的人，不一定有恒久不变的坚持。

感悟

禅宗说，平常心就是道，搬柴运水即是禅。极高寓于极平，至难出于至易，至高的境界，也就是寻常的境界，水流云在，法尔如是。老子也说，“人法地，地法天，天法道，道法自然”。自然就是自然而然。另一条菜根则说，“醲肥辛甘非真味，真味只是淡。神奇卓异非至人，至人只是常。”

《楞严经》罗列了禅修过程容易出现的魔境，色阴区宇、受阴区宇、行阴区宇、想阴区宇、识阴区宇各十种阴魔，合为五十种阴魔。在禅定中，修行人会出现种种境界，种种神通，

种种奇异的感受，种种神异的现象。比如，有的人会感到身心脱离，有人会看到自己通体透明，有人会看到佛国净土满天金光，有人会心生欢喜无比轻安，有人觉得自己成了佛等等。其实，这些都是意识中的妄念，都是魔境，不能执着，一旦执着，后患无穷。一些没有经验的修行人误把这些神异的境界当成佛的境界，不小心堕入魔道，导致修行功败垂成甚至造作恶业。《楞严经》五十种阴魔揭示给予我们的启示是：奇异的往往都是表象的，虚幻的，最真的往往是最普遍的，佛境禅境无非也就是云在青天水在瓶。

世上万事万物，本没有什么奇怪之物，看起来奇奇怪怪的东西，实际上和普通的东西本质一如。美女和丑女，伟人和凡夫，本质有区别吗，无非都是碳水化合物；翡翠美玉和沙砾顽石，本质有区别吗，无非都是钠镁钙铝硅酸盐；人闻到的香味和臭味，其实本质上也是个东西，只不过分子的排列不一样而已；宇宙中的各色星云，不管它是江河形，漩流形，胎藏形还是莲花形，不管它是如何浩如烟海，光怪陆离，大而无当，重重无尽，无非都是些氢氮气体以及一些金属非金属元素的混合体。所以说，形态表现上的至奇至异，抽丝剥茧还要归到本质上的至平至常。一个人，不管它从事什么职业，研究什么学问，追求什么境界，如果一味搜奇寻异，标新立异，这个人一定没有什么高远的见识，因为他只执迷于外在的形态表现，而看不到事物的内在本质，认假做真，认贼作子，反认他乡做故乡而已。

其实，社会发展的历程，科学发展的历程，无非就是一个让神异回归普通的历程。月亮是神异的，传说有广寒宫，有玉兔捣药，有嫦娥舒广袖，但登月第一人阿姆斯特朗回来后意兴阑珊地告诉我们，月球只不过是一片不毛之地茫茫大荒而已；海市蜃楼是神异的，但物理学家告诉我们，那只不过是因光的折射而产生的自然现象。现在科学好像越来越复杂，世界上运算最快的计算机达到每秒 1026 万亿次，我们国家的神七也飞上了天，但不管这些机器是如何复杂，都要遵循最普通的宇宙规律和自然规律。

苦节独行，非恒久之操。佛陀当年也曾经修过苦行，每天只吃一粒米，把自己折磨得鸡皮鹤形，形销骨立，肚皮都快贴到脊梁上去了。智慧的佛陀意识到，这种苦行是不能证得大道的，所以他毅然回到尼连禅河边，接受了牧羊女牛乳的供养，最后在菩提树下静坐七七四十九天，终于得道成佛。佛家讲中道之义，道家讲无为自然，苦与独，好像既有悖中道，也有违自然，缺少一点任运自然的洒脱，缺少一点和光同尘的随缘，所以与前所说奇和异一样，都不值得提倡。

57 把这韶华打破，觅那清淡天和

原文

宾朋云集，剧饮淋漓，乐矣。俄而漏尽烛残，香销茗冷，不觉反成呕咽，令人索然无味。天下事率类此，人奈何不早回头也。

译解

宾客友朋相聚在一起，觥筹交错，尽兴狂欢，痛快是痛快了。不过酒散人去后，夜转深沉，檀香烧尽，热茶渐冷，灯烛摇曳欲灭，此刻酒力发作，肠胃难受，头晕目涩，想吐又吐不出，真是让人索然寡味。天下事，大多和这种情况相似，人为什么不肯早日回头呢？

感悟

一阳起而一阴生。乐极生悲，否极生泰，天地纷纭万象，人间悠悠万事，逃不过“对待”二字。有善就有恶与之对待，有美就有丑与之对待，有喜就有怒与之对待，有繁华就有萧条与之对待，有喧嚣就有寂寞与之对待，有极乐就有空虚与之对待。

中国人特别闹。闹酒，闹磕，闹洞房，闹元宵。结婚，要闹；做寿，要闹；升官，要闹；亲朋相聚，要闹；同学聚会，要闹；生孩子，要闹；死人，要闹。在任何公私场所，总少不了有人大嗓门哇啦哇啦的，不是吵架，就是找乐。记得有一次随某考察团出国，在飞往某国的飞机上，外国人安安静静的，只有国人不得安生。有几位仁兄居然能够在拥挤的机舱内腾出一个位子，有模有样地“拖拉”起来，剩下来的人，神吹海聊，眉飞色舞，唾沫四溅，旁若无人，令人侧目。中国是一个喜欢吵闹的国家。不信你去超市、菜市以及商品一条街之类的地方感受感受。吵得好些好安静的人不耐烦地提出，国家既然让人有吵闹的权利，也应让人有安静的权利。吵闹，是中国人的重要表征，人们以吵闹而获得生命的安全感、存在感、释放感、快乐感。吵闹，是一种与优雅生活相对应的生存状态。可惜，中国文化尽管有优雅一派，但中国的雅人太少，不知怎的，现在的雅人似乎更少，而闹人却是越来越多。

闹的一个普遍的方式，就是吃喝。中国人几乎人人都吃喝。吃喝的中国人，几乎都有醉酒的经历。我也醉过。有一年我升职了，飘飘然，有些晕晕乎乎。上任时，任所诸位领导为我这个新同僚接风洗尘，于是吃喝。我这官场菜鸟，不知深浅，趁着升职的兴味，对别人凑过来的酒杯来者不拒，不觉醉倒。局后，被同事七手八脚丢到宿舍里。众人散去，剩下孤独的自己。三更半夜，酒力发作，头痛欲裂，胃里翻江倒海，想吐，又吐不出，难受至极，从床上滚到床下，从床下翻到床上。总算吐出来了，吐得到处都是，到处都是酒菜的馊味和酸味。自己浑身酸软无力，在臭烘烘的房间里，睡了醒，醒了睡。相对喝酒时的兴趣盎然，此时此刻真是索然寡味，正合了《菜根谭》中的这句话：“俄而漏尽烛残，香销茗冷，不觉反成呕咽，令人索然无味。”

白髮蒼蒼似銀條
老樹無根怕風搖
家有黃金貯百斗
難買菩提路一條

中国人总在“喧闹——无聊，欢乐——空虚，大喜——大悲”这样的怪圈里打转，一辈子不断折腾，不得消停。菜根云：“天下事率类此，人奈何不早回头也。”我的领悟是，人生真正的情味，真正的快乐，不在于大喧嚣大欢喜大繁华大富贵，而在于心境的清淡平和，而在于平凡人生过程中无数的小趣味，小情致，小快乐。聪明的上海人，在艰苦窘迫的生活中，摸索出一种“小乐惠”的生活趣味。而对风雅的古人来说，云情雨意，莫不是诗料；月到风来，莫不是享受；花叶婆娑，莫不是禅意；粗茶淡饭，莫不是真味；平淡过往，莫不是高谊；梅妻鹤子，莫不是风情；琴书为侣，莫不是富贵。菜根云：“有一乐境界，就有一不乐的相对待；有一好光景，就有一不好的相乘除。只是寻常家饭，素位风光，才是个安乐的窝巢。”据我对身边人的观察，沉默无语的人，最不怕寂寞；叽里呱啦的人，往往最易无聊。容易大喜的人，往往容易大怒。人生大抵如此，追求繁华，最后不得不忍受幻灭；追求极乐，最后不得不面对伤悲；喜好声色犬马，不免堕落沉沦；爱得死去活来的人，往往收获恩断爱绝。

所以，人生的安详和快乐，不能在浓烈中求，而应在清淡中得。《红楼梦》说，将这韶华打破，觅那清淡天和。天下事，率如此，人何不早回头也！

第三卷

云光舒卷

58 去留无意，宠辱不惊

原文

孤云出岫，去留一无所系；朗镜悬空，静噪两不相干。

译解

一片白云从山谷中飘来，来去或停留没有任何牵挂；一轮明月高悬在天空，宁静与喧嚣与之丝毫无关。

感悟

洪应明早年热衷名利，后看破红尘，栖身禅悦，精研儒道佛智慧，最后是否成了高人，不得而知。这条菜根，有禅者随缘自适、对境无心、定云止水的情怀，有道家精神自由、通脱自然、清静无为的旨趣，更有儒者浮云富贵、品高行洁、独善其身的精神。最终，汇成了洪应明自身的境界指向和人格追求。

你看，孤云出岫，它是无心的，没有目的，自在自为，飘向何方，停留何处，没有什么可以让它牵挂，没有什么可以束缚它，一如高人空灵自在了无挂碍的心。与“孤云出岫，去留一无所系”相对应的，是另一条有名的菜根：“去留无意，漫随天外云卷云舒。”禅者随缘自适的心，一如天外的白云，卷舒自如，一无所系。禅的精神，就是心不执着，心不染着，心不粘缠。不执着于外物，不粘缠于知见，不染着于世情，闲云野鹤，自在无碍。

你看，一轮明月，高悬天空。轻云掠过，不改其皎洁；乌云遮掩，不改其明亮。人间的歌舞喧嚣，与它没有什么关系，人间的清冷寂寞，与它也没有关系。一如高人不动的心性，不变的情操。这种不动的心性，孟子叫“不动心”，佛语叫“如如不动”，理学家程颢叫“定性”。我有此定性，就如吕坤所说：“看得春不是繁华，夏不是发扬，秋不是寥落，冬不是枯槁”；我有此定性，就如禅语所说：“竹影扫阶尘不动，月影穿潭水无痕”；我有此定性，就如菜根所云：“无喧寂，无荣枯，无往而非自适之天”；我有此定性，就如孟子所云：“富贵不能淫，贫贱不能移，威武不能屈”。所以，我有此定性，则人间的富贵繁华不过云烟过眼，荣辱悲欢不过月影穿潭，三千烦恼不过风过疏竹。黄庭坚诗云：“坐对真成被花恼，出门一笑大江横。”面对着水仙，被水仙所魅惑，急急忙忙跑出门，对着大江大喘粗气。看来他是定性不够了。

说到“定性”，还可谈到“无我之境”。王国维论诗，有“有我之境”与“无我之境”之说。以我观物，

物皆着我之色彩，是“有我之境”；以物观物，不知何者为我，何者为物，是“无我之境”；“花谢花飞花满天，红消香断有谁怜”“可堪孤馆闭春寒，杜鹃声里斜阳暮”，是“有我之境”；“采菊东篱下，悠然见南山”“寒波澹澹起，白鸟悠悠下”，是“无我之境”。有我之境，是人境；无我之境，是禅境。

王维的《辛夷坞》是典型的“无我之境”：“木末芙蓉花，山中发红萼。涧户寂无人，纷纷开且落。”绝无人迹的幽谷，辛夷花无声地开放，默默地凋零。来从来处来，去到去处去。似乎没有生之欢乐，也没有灭之悲哀。无人欣赏花的美好，也无人怜香惜玉。天地似乎寂然不动，时空似乎寂然不动，我心似乎也寂然不动，连一丝颤动都没有。因为“不离幻相”，所以他看到了花开花落的现象；因为“对境无心”，所以对花开花落不生任何喜怒哀乐之情；因为“道无不在”，所以透过花开花落的幻象，看到了“真如”的永恒存在；因为“空有不二”，所以既不欢悦于花开的“有”，也不哀伤于花落的“无”；因为“生灭不二”，整个现象界，纷纷开且落，不过是此生彼死、亦生亦死、不生不死，在刹那的生灭中因果相续、无始无终、自在自为。《辛夷坞》的诗境，空灵寂灭、无情有性，读之令人万念俱寂，两忘于“禅意”的空灵之中。但在这个“无我之境”中，有一个灵光独耀的“我”，这个“我”，就是主体与客体共有的“本我”——真如本性，这个“我”是永恒不动的，是定性。

与欲望、焦虑和抑郁纠缠不息的红尘中的我辈，不是高人，而是凡人。凡人如我辈，领悟一点无执无缚、自在无碍的禅意，培育一点物我两忘、宁静致远的情怀，修炼一点淡定从容、宠辱不惊的定性，有益于安顿心身，和谐社会，有益于提升艺术修养和生活情趣，有益于养成淡泊的心境和洁净的品格，有益于活出幸福感，活出安详意。

59 眼前景致口头语，饥来吃饭倦来眠

原文

禅宗曰：“饥来吃饭倦来眠。”诗旨曰：“眼前景致口头语。”盖极高寓于极平，至难处于至易；有意者反远，无心者自近也。

译解

禅的心法是：饿了就吃饭，困了就去睡觉；诗的诀窍是：眼前的景致，口头的语言。所以，高深的境界往往见于普通平凡之中，困难的事情往往从简单的地方入手。刻意追求，反而越来越远，无心而为，反而越来越近。

感悟

在六祖惠能之前，禅修往往依赖静坐一途。但绝顶慧根惠能大师横空出世，鼓捣出一个顿悟法门，“我于忍和尚处，一闻言下便悟，顿见真如本性”。他对静坐不以为然。说：“住心观静，是病非禅，长坐拘身，于理何益？”惠能的法门三句教是：无念为宗，无相为体，无住为本。

何名无念？“若见一切法，心不染着，是为无念。用即遍一切处，亦不著一切处。但净本心，使六识出六门，于六尘中无染无杂，来去自由，通用无滞，即是般若三昧，自在解脱，名无念行。若百物不思，当令念绝，即是法缚，即名边见。”又说：“于诸境上，心不染，曰无念。于自念上，常离诸境，不于境上生心。”大师的意思是，你闻见由缘起而有的一切现象，不可能不起念头，但你的念头不染着、黏附于对象，不起好坏善恶之心，就是无念。无念并不是什么都不想，什么都不想是边见、邪见。人人都具清净佛性，但由于妄念浮云遮蔽，佛性不显，必须把妄念浮云吹散，才能见性。这就必须做到“无念”。惠能说：“外离相曰禅，内不乱曰定。”外离相就是不执取外境，内不乱就是无妄念。不着外境，不起妄念，就是“无念”。只要保持“无念”，吃饭穿衣都是禅，行住坐卧皆是坐禅，无须坐在蒲团上“观心住静”。

何为无相？先要弄清楚什么是“相”，《涅槃经》说：“色相、声相、香相、味相、触相、生住坏相、男相、女相，是名十相。”这些相的本质是空，空相就是无相。惠能对无相的定义是：“无相者，于相而离相。”“外离一切相，名为无相。能离于相，则法体清净。此是以无相为体。”眼耳鼻舌身意六根接触色声香味触法六尘，见而无见，触而不染，保持内心清净，这就是“无相”。比如，见到金银珠宝，见到美女俊男，要看破这些都是梦幻空花，不是究竟真实，这就是“无相”。

何为无住？惠能说：“于世间善恶好丑，乃至冤之与亲，言语触刺欺争之时，并将为空，不思酬害。念念之中，不思前境，若前念今念后念，念念相续不断，名为系缚。于诸法上，念念不住，即无缚也。此是以无住为本。”无住，就是不要执着于各种念头，要让念头来去自由，不染于心。《金刚经》云：“过去心不可得，现在心不可得，未来心不可得。”要做到无住生心，生心无住，三心不可得，这才容易保持内心自在洒脱，清净污染。

无念，无相，无住，是禅者洒脱的心怀。修禅没那么复杂，只要内心存有“无念”“无相”“无住”的自觉，无执无缚，任运腾腾，并把它落实到平凡的日常生活中，饥来吃饭倦来眠，逢山过路遇水搭桥，就是参禅，就是修道。灯录中有则故事。有源禅师问大珠慧海禅师:“ 和尚修道，还用功吗？ ” 答曰:“用功。” 问:“如何用功？ ” 答曰：“饥来吃饭，困来即眠。” 问：“所有人都是这样，他们跟你的用功一样吗？答曰：不一样。他们吃饭时不肯吃饭，百种须索，睡时不肯睡，千般计较，所以不一样。” 还有一则禅话：一对师兄弟出行遇到一条小河，准备蹚河而过，这时发现一个女人也想过河，正在发愁。师兄见状，二话不说，把女人给背过河。过河后，小师弟心里一直在嘀咕，师兄这不是犯了色戒吗。所以忍不住指责师兄。师兄说:“我早已把她给放下了，而你一直留在心中，犯色戒的是你。”

自古以来，有些文人写诗写文章喜欢雕琢文字，堆砌辞藻，但因为太过雕琢和堆砌，所以诗文的形式华丽，内容贫弱，容易受到诟病。苏东坡就批评过秦观“小楼连苑横空，下窥绣毂雕鞍骤”句不够直白。而与此同时，有的人写文章喜欢满心而发，脱口而出，眼前景致口头语，状物言情，抒情言志，清新可喜，一不小心就成了千古名篇。比如《诗经》“蒹葭苍苍，白露为霜”、陶渊明“采菊东篱下，悠然见南山”、谢灵运“池塘生春草，园柳变鸣禽”、杨万里“小荷才露尖尖角，早有蜻蜓立上头”等。

道，是幽玄的，高深莫测的。惠能大师说：“心量广大犹如虚空，无有边畔，亦无方圆大小，亦非青黄赤白，亦无上下长短，亦无嗔无喜，无是无非，无善无恶，无有头尾，诸佛刹土尽同虚空。”道很高深，但先哲们又认为高深的道体现在一切的万象之中，包括我们身边的平常事物，包括我们这些平凡的人。庄子说：“道在屎溺”；禅说：“郁郁黄花无非般若”；马祖大师说：“平常心是道”。所以，极高深的真理寓于极平常当中。追求真理，不要舍近求远，只要从本心入手、从身边一切的平常中入手。而境界一等一的文章，应该从以我手写我语、我语写我心中得，眼前景，口头语，物我合一，物我两忘，妙韵天成。道如此，越向外求，越向高处求，越是求不到；文如此，越雕琢，越堆砌，越令人读之生厌。人生有时也是如此：有心栽花花不发，无心插柳柳成荫。

60 意静不逐流水转，山高不碍白云飞

原文

水流而境无声，得处喧见寂之趣；山高而云不碍，悟出有入无之机。

译解

水流喧哗，但更衬托出整个环境的寂静，由此可领略到动静相生的意境；山高林密，但朵朵白云却能够来去自由，由此可感悟到自在无碍的玄机。

感悟

老子说："有无相生，难易相成，长短相形，高下相倾，音声相和，前后相随。"大千世界，是一个相辅相成、对立统一的世界。动与静，也是对立统一的。动静相生、动静相谐是中国传统的哲学意蕴。禅家说空，但反对心如死灰；雅人好静，但喜欢有生意的静。所以，静中有动，寂中有声，以动衬静，以声衬静，是古人喜爱的诗意境界。比如，王籍诗云："蝉噪

林愈静，鸟鸣山更幽。”常建诗云：“万籁此俱寂，但余钟磬音。”王维诗云：“空山不见人，但闻人语响。”韦应物诗云：“空山松子落，幽人应未眠。”杜甫诗云：“沙头宿鹭联拳静，船尾跳鱼拨剌鸣。”辛弃疾词云：“明月别枝惊鹊，清风半夜鸣蝉。稻花香里说丰年，听取蛙声一片。”等等。

江河日日夜夜都在流淌不息，万物时时刻刻皆在生长变化。毕竟大宇宙、大自然是一个生命体，动是绝对的，静是相对的。比如我们一个人坐在那儿，一动不动，其实我们身体的五脏六腑都在动，我们的血液在动，我们身上的“气”在动。在寂静的环境里，一点声音，一点动静，反而更能衬托出清幽深邃之感。当然，这种声音应该是相对和谐而有规律的声音，而不是噪音，不是万音乱作，山呼海啸，狼嗷虎吼。比如，几声蝉鸣，几句鸟啼，几记钟声，几颗松子落地声，几条鱼儿跳水声，更能衬托出万籁俱寂、深幽清静的感受。其实文人写静，主要是表达自己内心的清净、空灵与禅意。正因为心静，才能听得见自己的呼吸，感受到自己体内的运动，才能真切细致地感受到鸟声、虫声、蝉声、钟声甚至鱼儿跳水的声音，而如果一个人心不静，则这一切人们可能视而不见，听而不闻。所以，写静写寂，以动以声来表达，更能写出静的神韵。

人在水之湄，如果心是静的，就不会妄念纷飞，他的心就会细腻敏锐，所以身内身外的动静声响他就极易感受捕捉到。比如，他听到了水声是那样地清晰、响亮、圆润，这证明，这里除了水声就没有多少其他的声音，所以这里的环境是寂静的；他感受到了响亮的水声，这也证明，他的内心是如此清澈、清净、清纯。此时此刻，他的内心静为主宰，见闻一切动，都是因为内在静，外在的一切动，一切声，水声蝉声虫声蛙声钟磬声，都是内心静的伴奏，静的和声，静的衬托。如果人在水边，听不到水声，那他的心是飘浮不定的，而当下的环境也可能是嘈杂的。所以，一个人只要内在心静，则外在静也是静，动也是静，喧也是静，寂也是静。有诗云：“水流心不竞，云在意俱迟。”有禅偈云：“意静不随流水转，心闲还笑白云忙。”

唐天复年间，善静禅师礼谒元安寺方丈洛浦禅师。洛浦收善静为入室弟子，安排他去当园头。一天，有位僧人向洛浦告辞，欲往其他地方参学。洛浦问：“四面是山，你何去何从？”僧不知道怎样回答才好，洛浦限他十日之内作答，如果答得让他满意，就放他走。那僧人回去后，冥思苦想，不得要领，不知不觉走进了菜园子。正在锄地的善静见状问:“阁下不是说要走了吗,为何还在这儿？”那僧人告之以洛浦的问话。善静说，不妨以“竹密岂妨流水过，山高无阻野云飞”句作答。那僧人果然以这句回答洛浦。洛浦问：“这是谁教你的？”僧人如实相告。当天上堂时，洛浦对众僧说：“你们不要小看了园头，以后他的座下，起码有五百弟子。”有慧根的善静破解了洛浦问话的禅意所在。我们对“山高不碍白云飞”禅意的感悟是：山峰高插云天，不将不迎，任他云来雾往，雾散云开；白云悠游自在，出有入无，去留一无所系，了不牵缠。作为一个禅者，应该具备这种行云流水般的自在情怀。

“山高不碍白云飞”对现实人生的启发是:人生处世,为人,做事,要认真努力,同时不应用心过重，刻意追求。不要自己给自己设陷阱，套牢笼，自陷罗网，自困愁城，自取烦恼，不要钻牛角尖，不要非此即彼，不必一根筋到底，不要一棵

树上吊死，不要不撞倒南墙不回头，其实南墙是撞不倒的，就像山一样。要学一学白云，身段绵软，可收可散，可分可合，碰到山，怎么办，要不我退一下，要不我绕过去，要不我放低身段，从山的缝隙处钻过去，何其洒脱；要学一学水的德行，水无常形，随物赋形，可做波涛汹涌，可做大河奔流，也可作小溪潺潺，细流涓涓，碰到竹林，我分身无数穿流过去，何其自在；人生追求也是如此。人间到处是青山，天涯何处无芳草。行到水穷处，坐看云起时，宇宙人生穷尽复通，此处不通他处通，此时不通他时通。不必过分执着，不必过分在意。人生更可贵的，是一种安详的心境，自在的情怀。

61 将头迎白刃，犹似斩春风

原文

身如不系之舟，一任流行坎止；心似既灰之木，何妨刀割香涂。

译解

身如没有系缚的小舟，随波逐流尽性而泊，任其自然而为。心似被火烧过的枯木，无论刀砍还是香涂，我自八风不动。

感悟

“一任流行坎止”，是道家思想，劝人顺于自然，同于大道，乐天知命；“何妨刀割香涂”，是佛家智慧，认为人由因缘和合而成，本质是空，既然本质是空，则一切毁誉称讥，生死荣辱，何足计较。

《庄子·达生》有则故事：孔子在吕梁游山玩水，见到一条瀑布高悬几十丈，冲刷而起的激流和水花远达四十里，鼋鼍鱼鳖都不敢在这一带浮游，但却看见一个男子浮在水中，孔子以为有人寻短见，于是让弟子去救他。忽见那男子游出数百步远而后又露出水面，披着头发唱着歌在堤岸下面游来游去，很快活的样子。孔子朝他喊：“我起初以为你是一个鬼，仔细一看你却是个人。请问，游水有什么门道吗？”那人回答：“没有呀，我并没有什么门道。起初是故常，长大是习性，有所成在于自然。我跟水里的漩涡一块儿下到水底，又跟向上的涌流一道游出水面，顺着水势而不自作主张。这就是我游水的方法。”孔子又问：“什么叫作起初是故常、长大是习性、有所成在于自然呢？”那人又答：“我出生于山地就安于山地的生活，这就叫作故常；长大了生活在水边就安于水边的生活，这就叫作习性；不知道为什么这样生活着，这就叫作自然。”看来，顺着水性、不作违逆、自然而然，才能真正体会蹈水之道了。人生安身立命之道，也是如此吧。

庄子在《大宗师》中借子来之口还讲了这么一段话。儿女应该听父母的话，东西南北，叫去哪里就去哪。阴阳变化比父母还父母，我当然该听双亲的吩咐。现在阳父阴母用死亡来亲爱我，我不听从，便是忤逆。天地这样亲爱我，有什么错呢。天地用形体承载我，用生活劳苦我，用年老安逸我，用死亡安息我，所以，那妥善安排我的生的，也将妥善安排我的死。现在有个铁匠在炼铁，铁突然跳起来说：“我要成为镆铘那样的宝剑！”铁匠一定会认为这是不祥的金属。现在天地就像个大熔炉，万物都在里头熔炼，偶尔幻化人形，就跳起来大叫“我是人！我是人！”那么天地也会认为是不祥的人。天地是大熔炉，造化是大铁匠，变我什么都可以，送我去哪里都可以。这个故事的寓意是，人生在世，该怎么就怎么，生死由之，顺其自然，不以物喜，不以己悲。

顺着庄子冶铜故事的意涵，汉朝贾谊写了一篇《鹏鸟赋》，其中有一段：“且夫天地为炉兮，造化为工；阴阳为炭兮，万物为铜。合散消息兮，安有常则；千变万化兮，未始有极。忽然为人兮，何足控抟；化为异物兮，又何足患！小知自私兮，贱彼贵我；通人大观兮，物无不可。”意思是说：把天地比做大熔炉，造化就是炉匠，阴阳二气生起炭火，万物都在里头熔炼，就像翻腾的铜水无法控制一样，聚散生灭哪里有一定的规则呢？千变万化，没有终结。偶尔生而为人，没什么可得意的，变成其他的东西，也没什么好哀叹的。浅薄的人，轻视他物，以自己为贵。豁达的人，心胸宽阔，无一物不可相应。

其中还有这么一段：“乘流则逝兮，得坻则止；纵躯委命兮，不私与己。其生若浮兮，其死若休；澹乎若深渊之静，泛乎若不系之舟。”意思是说：人生如木浮水，顺水则漂流，遇到沙洲便停止，把自己完全托付给自然，而不私自左右。活着便是随波逐流，死去就是休憩长眠。我心，一如深渊清潭般宁静；我身，一如不系之舟般自在。当然，贾谊此人，人没有文章潇洒，他是在自怨自艾中早早死去的。看来，标榜豁达的未必豁达，只有那些把豁达和不豁达全部忘记，甚至连忘记这事也忘记了，才是真正的豁达。

王安石《读维摩经》诗云：“身如泡沫亦如风，刀割香涂共一空。”一个人的身体，你用刀去割它，他就会血肉模糊，疼痛难忍。用旃檀香料涂抹，就会有清凉的感觉。人越爱惜身体，则越在乎身体的苦乐痛痒。但佛家认为，人生不过是四大和合而成，并无自性，如同泡沫与风，毕竟是空。所以不论是以刀寸割，还是涂以香油，不论感觉是舒适还是痛苦，在本质上都是空的，没有必要因此而产生憎爱和取舍。《金刚经》云："何以故，须菩提！如我昔为歌利王割截身体，我于尔时，无我相无人相无众生相无寿者相。我于往昔节节肢解时，若有我相人相众生相寿者相，应生嗔恨。"佛祖悟透空性，所以刀割肉身，不生忧喜嗔怒之心。永嘉大师进一步解释说："心与空相应，则讥毁赞誉，何忧何喜？身与空相应，则刀割香涂，何苦何乐？依报与空相应，则施与劫夺，何得何失？"传说皇帝要杀僧肇法师，僧肇请求延期七天，写完《肇论》。赴死前念了四句偈："四大原无我，五蕴本来空。将头迎白刃，犹如斩春风。"也是这个道理。

道家教人法天法地法自然，无为而无不为，道理是懂一点点，但要做起来，实在是比较难。因为人还是有我执、有欲望的。佛家教人超越肉身看到究竟的空性，道理也可能懂一点点，但人家来刀割香涂，一定有欢喜心、嗔怒心发生。因为我们毕竟是凡夫。但作为凡夫，如果懂得一点这些古圣先哲悟出来的道理，毕竟可以消解一些对此生、此身、此心、此物的执着，从而获得一定程度的自在与超然。

62 道通天地有形外，思入风云变态中

原文

嗜寂者，观白云幽石而通玄；趋荣者，见清歌妙舞而忘倦。惟自得之士，无喧寂，无荣枯，无往非自适之天。

译解

嗜好清静的人，看白云，观幽石，能够从中感悟幽玄的意境；趋慕繁华的人，听清歌，赏妙舞，能够不眠不休而不知疲倦。唯有自得本心的人，不在乎喧闹还是寂寞，不在乎繁华还是衰败，随便在什么境地，都能自适其意，自在悠然。

感悟

好静的人，唯有在清静的环境中，才能获得内心的安宁平静，并且能够在静中收获幽玄的感悟，而离开了清静的环境，可能就会因喧嚣而心烦意乱；好热闹的人，唯有在歌舞喧腾的环境中，才能获得生命的充实感，而如离开了喧闹的环境，可能就会因寂寞而空虚无聊。由此可见，好清净和好热闹的人，

一是因清静而得安顿，二是因热闹而得充实，这两者的共同特点是，他们的生命安顿与否受外在环境的影响和主导。

唯有“自得”的人，无往而非自适之天。自得，得什么？透过万千事物的幻形幻相，得人我一如、物我一如的那个永恒不变的精神本体，这个本体，也可叫自性，也可叫道，也可叫理。如何得？自得，不假外求，向内而得，这是典型的东方式的真理探求模式。能够“自得”的达人，通过静观内求的方式，参悟到如如不动的本心本性，获得充盈的精神内蕴和道德力量。所以，不管冷清寂寞还是热闹繁华，不管是顺水顺风还是横逆困穷，他们的内心始终保持一种心的稳定性。这种稳定性，程颢说是“定性”，朱熹说是“定心”。定心定性的表现，应该就是心的自由、宁静与安详。禅宗说：“于无所住而生其心。”程颢说：“所谓定者，动亦定，静亦定，无将迎，无内外。”定不是只静不动或不接外物，而是虽接触事物，但不执着，不留恋于任何事物，从而使内心摆脱纷扰而达到定境。内在的定心定性，就像一面镜子，物来物应，事来事显，但镜子却永远是透明的。又像一扇门户，门整日开开关关，但门轴却如如不动。嗜寂趋荣者和自得者的区别在于，一是内在无定性，从而生命受外在环境的主导。菜根说：“操存要有真宰，无真

宰则遇事便倒，何以植顶天立地之砥柱？”即是说内在有定性，生命由内在自我主导。菜根又说：“持身如泰山九鼎凝然不动，则愆尤自少；应事若流水落花悠然而逝，则趣味常多。”

程颢有《秋日偶成》诗，即表达了自得、定性的哲理：“闲来无事不从容，睡觉东窗日已红。万物静观皆自得，四时佳兴与人同。道通天地有形外，思入风云变态中。富贵不淫贫贱乐，男儿到此是豪雄。”大意是：最近心境悠闲，做事不慌不忙，没什么压力，果真是睡觉睡到自然醒，醒来日头照床角。走出户外，游目四顾，我以平和的心境静观万物，所见万千品类，各具特色，各显生机，各畅其意。在四季的变化当中，春如醉，夏如滴，秋如妆，冬如睡，各有其美好情态，各显其美好的风光，人不要因春夏的生机盎然而狂喜，不因秋冬的沉潜收藏而沮丧。做人也是，不因世事的穷达顺逆而歌哭笑骂，患得患失，情绪波动。我们拥有最大的财富——“道”，“道”在我们心中，在有形天地之中，也在有形天地之外，正如王维诗云：“山河天眼里，世界法身中”。“道”是万物的本源，却不随着万物的生灭而有所增减。我的心绪随着风起云涌，出入大千，幻化为各种物象，感受着宇宙万千的无穷韵致，但又随时回归于寂然不动的道体。从这个道理上来讲，我们做人，富贵时不迷失本性，贫困时依然不改其乐。能抵达这种“不动”的境界，也就是“豪雄”了，不一定要功成名就叱咤风云。

程颢还有不少诗，道出一种从容淡定、物我两忘、悠然自得的情怀。如：“水心云影闲相照，林下泉声静自来。”如：“清溪流过碧山头，空水澄鲜一色秋。隔断红尘三十里，白云红叶两悠悠。”

63 应事若流水落花，悠然而逝，则趣味常多

原文

古德云："竹影扫阶尘不动，月轮穿沼水无痕。"吾儒云："水流任急境常静，花落虽频意自闲。"人常持此意，以应事接物，身心何等自在。

译解

佛家高僧说："竹影扫阶尘不动，月轮穿沼水无痕。"我们儒者说："水流任急境常静，花落虽频意自闲。"人时时刻刻保持这种心态，并以之待人接物、处理事情，那身心将是何等的自在呀。

感悟

"竹影扫阶尘不动，月轮穿沼水无痕。"这是唐雪峰义存和尚的上堂语。竹子随风摇曳，影子映在台阶上，好像扫帚扫地一般，但台阶上的灰尘并未拂去；月轮穿过池塘，月光照射在水里，但水面上并没有留下任何痕迹。这副对联动中有静，体

现了禅者虚心应物、物我两忘、一丝不挂、自在空灵的禅意。

《菜根谭》另一条菜根云："风来疏竹，风过而竹不留声；雁度寒潭，雁去而潭不留影。故君子事来而心始现，事去而心随空。"清风吹拂竹林，竹叶会发出沙沙的声响，但当清风过后，竹林便复归寂静，不再有声响；大雁飞越寒潭，潭心会映出大雁的身影，但当大雁过后，寒潭便复归澄澈，不再有身影。所以有德的君子，事来心现，事去心空，不会把事情一直放在心上，耿耿于怀。

"水流任急境常静，花落虽频意自闲。"任他流水湍急，渺然远逝，任他春去秋来，花开花落，我内心只是寂然不动，自在悠闲。水流和花落都是动态，而定与闲却是修养工夫。人能从道理上洞彻宇宙的实相，能从实践上修炼到笃定从容的境界，就不会随波逐流，与世浮沉，随着外在的影响而改变自己的信仰和原则。人若了知外在的一切变化都是幻象，就不会像林黛玉一样，看到花落便要流泪，一到秋天便要伤怀。有则禅宗故事，说八月某天，修行僧问师父："槿花带露，桐叶舞秋风，如何从其中了悟人生的真实？"禅师回答说："不雨花犹落，无风絮自飞。"师傅所悟到的人生真实，就是现象界一切都是虚幻，只有本体界如如不动。佛语云："一切有为法，如梦幻泡影，如露亦如电，应作如是观。"佛语还云："由爱故生忧，由爱故生怖，若离于爱者，无忧亦无怖。”只有不执着于虚幻不实的外在一切，人的心灵才能得到自由，无有恐怖，无有挂碍，远离颠倒梦想。峨眉山红椿坪千佛寺有副对联云：“意静不随流水转，心闲还笑白云忙。”唐代芝志和尚诗云：“千峰顶上一间屋，老僧半间云半间。昨夜云随风雨去，到头不似老僧闲。”表达的也是淡定从容的意蕴。

慧能大师的顿悟一派，主张“无念为宗、无相为体、无住为本”三无法门，要求禅者时时刻刻保持一个无执无缚、自在活泼的心灵状态。有念、有相、有住，是人生烦恼痛苦的根本。人之于世，要有一些得失随缘、心无增减的禅意，事来心始现，事去心随空，人生才能得到安详幸福。另一版本《菜根谭》云：“持身如泰山九鼎，凝然不动，则愆尤自少。应事若流水落花，悠然而逝，则趣味常多。”

64 种桃道士归何处，前度刘郎今又来

原文

宠辱不惊，闲看庭前花开花落；去留无意，漫随天外云卷云舒。

译解

是非荣辱泰然处之，闲闲地看那庭前花开花落无悲无喜；得失去留不以为意，心随着天上白云舒卷如意来去自由。

感悟

这一条是古代最有名的心灵鸡汤。中国数千年名利场，就像一本充满血腥和阴谋的大书，开卷便令人触目惊心。宦海浮沉，风波险恶，今日裘马轻肥，明日人头落地。所以，聪明的人眼红耳热地追逐奔竞的同时，也很识趣地为落单靠边做心理准备，免得一落千丈时万劫不复，尴尬凄凉，心无归所。

红尘中人，大都贪求无度，患得患失，炎炎名利场，一般人根本做不到宠辱不惊，去留无意。若在宠辱面前，能够展现

一派“闲看庭前花开花落，漫随天外云卷云舒”的风度，那么，这个人必定具备源自儒庄禅佛的深厚哲学修养。在这方面修炼得比较老辣的，虽然看起来无所谓，其实官越做越大，越做越稳，比如郭子仪、曾国藩。所以，要在名利场上混得好，即便是热衷无比，也要学几招宠辱不惊的功夫，这玩意儿叫作“深沉”，即便内心波涛汹涌，表面上也要淡然不惊。当然，古往今来官场上脚踏两条船，以做官入世当成生存方式，以淡泊出世当成精神追求的人，也还是不在少数。比如王维、白居易。

花开花落，无悲无喜。云卷云舒，来去无碍。这些诗意的句子里，浸润着儒庄禅佛的哲学意蕴。儒家虽然讲积极入世，但也有达则兼济天下穷则独善其身的潇洒气派，箪食一瓢饮不改其乐的淡泊自守，不义而富且贵于我如浮云的决绝干脆；以老庄为代表的道家，倡导一种自然无为，任性逍遥的生活方式，认为这样才符合本性，同于大道；中国化的佛教——禅宗则高张“无住生心、生心无住”的大旗，引导世人保持一种得失随缘、心无增减、不粘于物、不滞于情的平常心。宋明以来，儒道佛三家都告诉人们，人生的价值，除了外向的功业追求，还有一条内向之路，就是通过心性的修炼，达到人格的完善，智慧的圆满，生命的超越。所以，中国官场上聪明的人，都是一体两面，一面是入世，一面是出世；内心都存有两个江湖，一个是儒家的江湖，一个是老庄禅佛的江湖，两个江湖互相联通，此一时彼一时，求得人生的安顿。中国文化的妙处在于，既鼓励高蹈入世，做一番人世间的大功业，同时又为失意落魄者准备了一副副心灵鸡汤，让他们在这里得到归宿，找到安慰，同时吸取梅开二度、东山再起的力量。

宠辱不惊，去留无意。这个道理，一是要懂得，二是要修炼。由于性格或者修炼程度的不同，中国的文人士子在进退穷通面前表现也颇为不同。唐朝有一对朋友刘禹锡和柳宗元，他们因陷入党争，被一贬再贬，遭遇凄惨。他们中间，刘禹锡比较豁达，结果能够熬出头；柳宗元比较想不开，结果在四十多岁便死去了，令人叹息。宋朝也有一对师生苏东坡和秦少游，他们也是因反对变法，遭遇贬斥。两人之间，苏东坡来得豁达，尽管九死蛮荒，居然在垂死之前还能返回江南；而秦少游可没有这份功力，结果也是在四十多岁的壮年在贬所郁郁而终，令人遗憾。这里来说说刘禹锡，挺有趣的一个人。

刘禹锡二十一岁时与柳宗元同榜考中进士，可谓少年得志。热血盈胸、少不更事之际，一头扎入政治漩涡，与王叔文、柳宗元同为永贞革新的新锐人物。半年之后，支持革新的顺宗退位，反对革新的唐宪宗即位，王叔文被赐死，刘禹锡被贬为远州刺史，人还在中途，又被贬为朗州司马。当时被贬为司马的共有八人，史称“八司马”，柳宗元也名列其中。刘禹锡贬到朗州时三十四岁，正当华年，虽然感到悲催之极，但他还是能够随遇而安，苦中作乐。所以贬谪十年后返回长安，刘禹锡依然是元气充沛，而柳宗元却是憔悴不堪。在长安待召期间，刘禹锡耐不住寂寞，跑到玄都观赏桃花，见到桃花盛开，想起贬官的往事，提笔便写了一首诗：

紫陌红尘拂面来，无人不道看花回。玄都观里桃千树，尽是刘郎去后栽。

——《游玄都观绝句》

诗后两句的潜台词是：满朝新贵，都是我老刘被赶出长安后补的空缺，对政敌颇为不屑。诗让宪宗皇帝看到了，认为此诗“语涉讥刺”，于是一怒之下又将他贬往更为偏远的播州。因为刘禹锡堂上有八十老母，柳宗元上奏要求和刘禹锡对调，所以刘最终被改贬为连州刺史，而柳宗元也没去播州，而是去了柳州。刘禹锡在连州四年多，也没消沉，干得挺欢实，特别是对教育抓得紧，从而让偏远的连州竟然“科第甲通省”。连州之后，刘禹锡又任过夔州、和州刺史。十四年后，在宰相裴度的帮助下，刘禹锡被召回朝廷任一个什么郎中。一回到长安，这家伙又跑到玄都观，而且继续写诗：

> 百亩庭中半是苔，桃花净尽菜花开。种桃道士归何处？前度刘郎今又来。
>
> ——《再游玄都观绝句》

这首诗的潜台词是：那帮小人得志的家伙哪里去了？我老刘今日又回来了！从中可见，刘禹锡这人坚强乐观、傲岸不屈。刘禹锡前半辈子几乎就是贬来贬去，却居然能活到七十二岁，而且后半辈子在政治上还翻了身，真是不简单。果然是宠辱不惊，笑看人生。

“宠辱不惊”源自《老子》十三章：“宠辱若惊，贵大患若身。何为宠辱若惊？宠为下，得之若惊，失之若惊，是谓宠辱若惊。”得宠是卑下的，所以得到了有点像受到惊吓，失去了，也好像受到惊吓。所以宠辱都会受到惊吓。得宠与受辱看似相反，但都是由别人来发动让我来接受，使我失去自主，让我毫无尊严，所以“若惊”。得宠如此，何况受辱？《格言联璧》云：“人争求荣，就其求之之时已极人间之辱；人争恃宠，就其恃之之时，以极人间之贱。”所以，只有无荣无辱，宠辱不惊，才可长保平静安详。

宠辱不惊，去留无意，是一种比较值得推崇的人生态度，这在现代也没有过时。对国家来讲，其实也要讲究一体两面。一方面，要鼓励人们拼搏进取，否则就难以发展；同时，也不能将“宠辱不惊、去留无意”视为消极，如果人家都这么亢奋，撞到南墙不回头，这个社会就会陷于疯狂状态，动荡不安。

65 是安排主义，还是自然主义

原文

意所偶会便成佳境，物出天然才见真机。若加一分调停布置，趣味便减矣。白氏云："意随无事适，风逐自然清。"有味哉，其言之也。

幽人清事总在自适，故酒以不劝为欢，棋以不争为胜，笛以无腔为适，琴以无弦为高，会以不期约为真率，客以不迎送为坦夷。若一牵文泥迹，便落尘世苦海矣！

茶不求精而壶亦不燥，酒不求冽而樽亦不空。素琴无弦无常调，短笛无腔而自适。纵难超越羲皇，亦可匹俦嵇阮。

译解

不经意偶遇的情境才是有意味的情境，天然生成的事物才是有真趣的事物。如果人为地去安排、调理与修饰，那么其间的趣味将会大大减少。白居易说："无事可想心最安闲，天然来风清爽无比。"这两句诗，真是很有味道呀。

幽人雅事在于顺遂自己的本性。所以喝酒以不相劝饮为快乐，下棋以不争输赢为趣味，吹笛以没有腔调为惬意，弹琴以信手拨弄为高致，相会以不期而遇为真率，客人以不相迎送为坦诚。如果什么事都要拘泥于繁文缛节，那岂不是掉进世俗苦海中去了！

茶不需名贵，只要壶里有茶就行了；酒不求甘醇，只要酒杯不空就行了；随意弹古琴，可以无弦无常调；自在吹短笛，不追求优美动听。这样，虽然比不过上古的伏羲，但也可以和嵇康、阮籍比一比。

感悟

不从宏大叙事的高度，而从升斗小民的立场看元首会元首、领导见领导，觉得颇为无趣。什么细节都提前安排好，一举一动都已程式化格式化，连打什么领带都要讲究政治意义，见与见之间，粉墨登场，如同演戏；言说颦笑，行礼如仪，未免枯燥乏味。当然，我们惯于以己度人，也许人家使命在胸陶然其中也未可知。

中国文化中，儒家是安排主义者，修饰主义者，强调要安于本位，遵守礼教，严格等级，依归体制，有很多条条框框。看孔子本人可知，他见乡党，是一套表情、行为、语言；见同僚，是一套表情、行为、语言；见国君，又是一套表情、行为、语言。总之，不知哪一个孔子是真正的孔子；道家，则是自然主义者，强调自然而然，无为而为，很反感儒家那一套。庄子总是拿孔子开涮，对他冷嘲热讽。道家的自然主义对魏晋时代影响最大，很多名士鄙视名教，崇尚自然，性情率真，凡事我行我素；佛家，则安排主义和自然主义都有点。一些宗派强调复杂的经义，比如唯识宗法相宗；一些宗派看重烦琐的清规戒律，比如律宗；一些宗派则抛弃经典，标榜自在随缘，比如禅宗。所以人们接触儒士，觉得道貌岸然，一丝不苟，一本正经；接触道人，觉得仙风飘逸，貌古神清；接触禅者，则觉得行云流水，一派随缘自在。

从政治和社会事务来讲，讲究安排主义和修饰主义；而从哲学、艺术、宗教来讲，则更强调自然主义。比如道家体道，讲究无求之求，做减法，不要安排，不要追求，忘掉一切，物我两忘，这样，道就不请自到。不请自到，是最好的境界。禅者悟禅，也是如此。要空，空掉一切，空成一面镜子一般，连空成镜子一般这个念头也不能有，主客俱泯，能所双忘，功夫纯熟时，本体在澄明的心境中豁然闪现。豁然闪现，是无得之得。无得之得，是最好的境界。艺术也是如此，遵循安排主义和修饰主义来搞艺术，只能成为艺术匠，而不能成为艺术家。比如画画。只凭画技画画，只能成为画匠，形似而已，没有神韵。而高明的画家，一定要懂哲学、懂文学、爱大自然，凭悟性画画，凭灵感挥洒，进入心与境合、物我两忘的境界时，师心自用，信手涂抹，而无不气韵流动，真气淋漓；比如作诗。好的诗讲究满心而发，情与景会，反对安排，修饰。两句三年得，一吟双泪流。贾岛花了几年把“僧推月下门”“推敲”成“僧敲月下门”，只不过在诗坛添了一段趣话而已，逃不过三流诗人的宿命。宋朝人以理入诗、以学问入诗、以典故入诗，虽然有理趣，耐咀嚼，但在文学史上始终有争议。与那些“性灵”一派的作品来比较，始终下了一个档次；写文章，也是如此。人们为什么讨厌骈体文、八股文、如今的公文体，就是因为其安排主义、修饰主义太浓。苏东坡先生的文章好，就是因为“吾文如万斛泉涌，不择地而出。在平地，滔滔汩汩，虽一日千里无难。及其与山石曲折，随地赋形而不可知也。所可知者，常行于所当行，常止于不可不止，如是而已矣。”文笔如水，随物赋形，毫无做作与安排。

人与人相会也是如此。凡是经过安排的，约定的，总少了一份意外惊喜。在古代，交通不便，水远山长，人生不相见，动如参与商。灞桥折柳，十八相送。南浦骊歌，长亭别宴。人与人之间的离愁别恨，最揪人心魂。古人大都觉得，动人的相会，是不期之会。庄子云：“相逢一笑，莫逆于心。”这种相逢一定不是安排的；“岐王宅里寻常见，崔九堂前几度闻。正是江南好风景，落花时节又逢君。”杜甫与李龟年的相见，一定是没有经过安排的；“十年离乱后，长大一相逢。问姓惊初见，称名忆旧容。”李益与外弟的相见，想必也是没有经过约定的，这种离乱后亲友重逢的惊喜，那是很难言表的。人与大自然的情感，其实也是以不期而遇最为莫逆。陶渊明说：“采菊东篱下，悠然见南山。”他与庐山之间的情谊，是在不经意之一瞥中达成的；无尽藏尼师禅偈云：“终日寻春不见春，芒鞋踏破岭头云。归来偶把梅花嗅，春在枝头已十分。”无尽藏尼师心内心与梅花共有的宇宙消息，也是在偶然中豁然贯通的。男女之情也以不期之会为最动人。“第一次偶然相逢，烟又蒙蒙，雨又蒙蒙。”这是琼瑶大妈爱情剧中的歌词。邂逅相逢，一见钟情，要远比父母之命、媒妁之言来得更有诗意。“人生若只如初见，何事秋风悲画扇。”很多人一生阅人无数，但最忘不了的就是初见时秋波那一转。

我本人，在安排主义体系中谋稻粱，但很向往自然主义的人生。自然主义人生，其实就是老庄的人生，魏晋名士的人生，禅者的人生，陶渊明的人生，林语堂的人生。本条菜根说得好：“幽人清事总在自适，故酒以不劝为欢，棋以不争为胜，笛以无腔为适，琴以无弦为高，会以不期约为真率，客以不迎送为坦夷。若一牵文泥迹，便落尘世苦海矣！”真是说到我的心坎里去了。喝酒就是喝酒，何必要你敬我劝，好像不如此就会得罪人；做客也是，你送我迎，好像不迎送就会怠慢人。现代人，活在人情网、关系网两张网中，活在人面、场面、情面三碗面里，拉拉扯扯，恩恩怨怨，是是非非，真真假假，战战兢兢，活得比猴子都累。你看看古人这点风范：喝不劝酒，吹无腔笛，弹无弦琴，下无输赢的棋。喝茶，不追求名贵；喝酒，不追求甘醇。有茶有酒，乐事似神仙。想去见朋友，三更半夜就起身，到了人家家门口，又不想见了，于是便调转船头，打道回府。人家，多自在呀。其实，魏晋时代动荡不安，政治险恶，很多名士都是活在朝不保夕的氛围当中。他们的自在，不是肉身生命的自在，而是精神生命的自在。

人生百年，电光石火。如果在吾侪的人生中，没有宏大的角色要自己去扮演，没有崇高的使命轮到自己去担当，没有壮烈的牺牲来要我们去付出，我们就做一个真实的自己吧。如果喜欢安排主义，你就去安排；如果喜欢自然主义，那就听从内心的呼唤，自然而然好了。不要委屈自己，压抑本心，更不要矫揉造作，装神弄鬼。

66 吃饭时不肯吃饭，睡觉时不肯睡觉

原文

风来疏竹，风过而竹不留声；雁渡寒潭，雁去而潭不留影。故君子事来而心始现，事去而心随空。

译解

清风吹拂竹林，竹叶会发出沙沙的声响，但当清风过后，竹林便复归寂静，不再有声响；大雁飞越清潭，潭心会映出大雁的身影，但当大雁过后，清潭便复归澄澈，不再有身影。所以达观有道的人临事便起心动念认真对待，待事情过后心即回归到安详平静的状态。

感悟

“风来疏竹，风过而竹不留声；雁渡寒潭，雁去而潭不留影。”这是我读到的最令我心神向慕的禅语。滚滚红尘地，热恼竞奔场，三毒纠结，得失缠绕的时候，反复聆听这远年竹林寒潭缥缈而来的笛声清韵，紧绷的身心便随之一寸寸松放，内心深处

升起的空灵之音渐渐弥漫全身、全室，乃至全宇宙，一切的一切，就在空灵之中渐渐融化、消散，入于茫茫大荒。

这条菜根的禅意是，作为一个禅者，必须时时刻刻保持一个心灵无执无缚、自在活泼通透的状态。慧能大师的顿悟一派，主张“无念为宗、无相为体、无住为本”三无法门，不提倡枯坐参禅，主张行住坐卧都是禅，吃饭穿衣都是禅，行住坐卧有威有仪，吃饭穿衣认认真真，澄心静虑，专一致志，做什么像什么，做什么是什么。如果吃饭时想到穿衣，穿衣时想到睡觉，睡觉时想到做生意，这就与禅不相应了。有一则禅宗公案，源律问大珠禅师：“和尚修道，如何用功？”大珠禅师回答:“饥来吃饭，困来即眠。”源律又问:“一切人总如是，同师用功否？”大珠禅师回答：“不同。他吃饭时不肯吃饭，百般须索；睡时不肯睡，千般计较，所以不同也。”有利于悟道的心态，一定是纯净专一的心态，一定是通脱无执的心态。百般须索，千般计较，都是妄念。妄念缠心，不是禅心。又有则公案：一老和尚携小和尚游方，途遇一条河，见一女子正为无法过河而犯愁。老和尚主动背女子趟过了河，然后与小和尚继续赶路，路上小和尚心里一直嘀咕，最后终于忍不住问道：“师父，你犯戒了！你怎能背女人？”老和尚叹道：“我早已放下，你却一直放在心里！”事来则应，事过则空，这小和尚心

里一定想了数遍这个女子的美貌，这个女子的温软，这里真正犯戒的是小和尚。

凡圣相通，道法一体，世出世间，相通相应。现代社会，经济发达，物质丰富，生活便利，按理说幸福指数应该比较高了，事实上现在绝大多数人心理不健康，抑郁症、焦虑症、强迫症、失眠症患者可说是越来越多，哪怕他是成功者、高位者、有钱者。何谓抑郁？心里始终放不下不开心的事，时间一久便成了抑郁症。何谓焦虑？总是为将来的或许是现实中根本不存在的事情紧张发愁，时间一久便成了焦虑症。何谓强迫？上班的路上总记着家里门窗是否关好，跑来跑回好几趟，洗手时总怀疑没有洗干净，一遍一遍抹肥皂又搓又洗直至出血，时间一久便成了强迫症。何谓失眠？高兴的事纠结的事，总在脑中挥不去顿不脱，时间一久就成了失眠症。

人生百年，电光石火。宇宙万法，生生灭灭。如露，如电，如梦幻泡影。人为自己定了一千个一万个目标，但都要到最后一个目的地：死亡。到了这个时候，万般带不走，唯有业随身。所以，人之于世，一是要守住善恶分际，二是要随缘任生灭。碰到快乐的事，快乐了一下就要赶快让它走；遇到痛苦的事，要赶快从痛苦中挣脱出来。事来心始现，事去心随空，守住一个平和通达的心态，是人生幸福快乐的根本。

67 收拾起大地山河一担装，诸法皆空相

原文

竞逐听人，而不嫌尽醉；恬淡适己，而不夸独醒。此释氏所谓不为法缠，不为空缠，身心两自在者。

译解

别人追名逐利且由着他们去追逐，不要嫌弃别人醉于此道；我保持宁静淡泊是我自己的选择，不要夸耀自己清高独醒。这就是佛家所提倡的：不执着现象，也不执着于空相。如此才能保持身心自在。

感悟

娑婆世界本就是凡尘世界，凡尘世界就是凡人的世界。凡人只看得到形而下的物性。比如一根竹子，他们只能看到这根竹子的模样，感受到这根竹子的温凉，并且意会到这根竹子可以用来做钓鱼竿的作用功能。至于这根竹子所蕴含的般若法身，宇宙真相，他们是看不到的，只有像佛陀、老庄这样的觉悟者，

才能看到。所以，凡尘世界的人，或为了衣食，或为了享受，或为了体面，或为了贪欲，举世滔滔都沉溺在对外物的追索之中，其实不是那么难以理解的，不追求这个，他们追求什么，人活着，总要有所追求。从某种意义上来讲，人的生存和欲望，正是社会得以进步、花花世界之所以成为花花世界的驱动力量。

在这个既有烟柳繁华又有生老病死，既让人爱而不舍又让人恐怖挂碍的娑婆世界，两千五百多年前伟大的觉者佛陀悟到了现象世界虚幻不实、本体境界不生不灭而获得了生死解脱，从痛苦无常的此岸抵达了永恒的涅槃之境，并且大发慈悲、大行愿普度众生，在世说法三十九年，度人无数，在身后留下了一个绵延数千年的佛教，至今全球仍有数亿人把佛教当成自己的精神归乡。伟大觉者的直觉体悟，抵达了一个超验而又神秘的精神境界，并且宣称这个境界才是人生的真正归宿，为这个满载着实物色相的形而下世界打开了一个心灵超越的通道。这让在凡尘打滚的人们中的一些人，从此认识到，在这个有形有相的实体世界之上，有着一个超越于形相的本体世界，在我们这个肉身躯体之内，蕴含着一个连接本体世界的自在之心。人生，除了对外功业和富贵的追求，还有一内在的超越和抵达值得追求。

五祖慧能大师说：“不悟，即佛是众生；一念悟时，众生是佛。”我们要看到，这个世界毕竟是众生多，佛少。所以一个有形而上追求的人，一个宁静淡泊追求的人，一个有心向内实现生命超越的人，何必去嫌弃那些以外物追求为务的人呢。一来，向外求向内求只是一种人生取向而已。人家追求外物，只要不违规不犯法，干卿何事；第二，你要自己认为众人皆醉我独醒，众人皆浊我独清，这就证明，你其实不宁静、不淡泊、不清净；第三，如果不是举世皆浊，怎能触动你追求清净的心弦？如果不是劳攘众生的生老病死之苦痛，怎能触动你追求超越的心念？所以，你若有精神提升之思，必须感谢这些芸芸众生，是他们给你参照，给你警醒。

如果说你已觉醒，愿意帮助别人觉醒，那就是功德无量了。

佛家说，一个人要彻底解脱、彻底清净、彻底心空、彻底见性，就必须摆脱一切的束缚，也就是不为法缠，不为空缠。法，就是一切物质、心理现象，你的心不能执着于这些有生有灭、空幻不实的东西，必须把这些全部清空。空，在佛法里面指的是超越于万法之上的真相，一切万法，缘起性空。这个空，是真空，可以生妙有。另外，相对于“有”,“空”还有“空无”“空虚”之义。写明孝文帝出家的一出戏文写道：“收拾起大地山河一担装，诸法皆空相。”你不执着于“法”，但你如果执着于这个空去了的物质、心理现象之后的“空”的境界，那么你也就是着了“空”，执着于“空相”也是执着，也就不能彻底见性。毕竟这个心性，既不是法，也不是空，而是“法”“空”俱灭，能所双忘之后澈然洞见的那个东西。

所以，嫌弃别人追逐外物，证明你自己执着于“法”，以自己淡泊、宁静而自得，这是执着于“空”，执法又执空，从人生安顿来说，你永远都有分别、有对待、有牢骚、有怨气，一肚皮不合时宜，所以得不到真正的淡泊、宁静。从明心见性来说，你永远达不到觉悟的境地，所以你就得不到真正的自在解脱。

68 人身小自然，自然大人身；人道接天道，人心应天心

原文

吾身一小天地也，使喜怒不愆，好恶有则，便是燮理的功夫；天地一大父母也，使民无怨咨，物无氛疹，亦是敦睦的气象。

译解

人身就是一个小天地，能使自己的喜怒不逾越常情，好恶遵守一定的原则，便是身心和谐的调理功夫；天地就是一个大父母，作养万物让百姓没有怨叹，运行有常无自然灾害，也是亲善和睦的太平气象。

感悟

古人讲天人合一，人道与天道神秘连接，人心和天心息息相应。人有喜怒哀惧爱恶欲七情六欲，大自然有风云雷电雨雪雹气候变化。人身就是一个小自然，自然就是一个大人身。人如能调理好自己的情绪，身心就会和谐健康；天地如能按规律协调运行，大自然就会风调雨顺。

人是身心一体的，适当地释放自己的情绪，让自己的喜怒哀乐情志得以舒展，对身体健康是大有好处的。人若过分压抑自己的情绪，内心郁积盘结太多的情绪垃圾，就容易产生心理问题，心理出问题则导致身体出问题；人若过分放纵自己的情绪，喜怒无常，好恶偏激，那就会使自己性格扭曲，身心失去和谐。所以，阴郁者易病，易怒者易病，人的情绪不能压制，但要节制。节制就是自我燮理，燮理越好，修养就越好，人就越来越平和理性健康阳光。台湾有美女立委，经常在立法院横眉怒目，大发雌威，激烈时曾经掌掴政见不合立委，一时媒体沸沸扬扬。最近，报载这位美女立委罹患癌症，正等着化疗，我们不能断定她的病一定就与性情暴躁有直接关系，但希望她从病中能够增长智慧，并学会自我燮理。

大自然也讲究生态平衡。天地不仁，该刮风不刮风，该下雨不下雨，就会导致天灾。天灾连接人祸，人们就会由此进入地狱般的凄惨境地。在人类社会，天灾导致饥荒，饥荒导致造反，造反导致战争，战争导致人口灭杀改朝换代，几乎成了定律。

天地是一个大父母，父母如果能让天下风调雨顺，让百姓安居乐业，世道人心就能呈现亲善和谐的气象。与此相类，政府其实也是百姓的大父母，政府如能够体恤百姓，施政清明，国家社会也会呈现亲善和谐的气象。古人认为，人群如果道德沦丧，政府如果倒行逆施，会招致上天的愤怒惩罚；反之，政府如果正德厚生，百姓安居乐业，就会有天降祥瑞的事儿发生。所以，在封建时代出现天灾人祸，皇帝多半要下罪己诏，深刻反省自己的德行，沉痛检讨施政的过失，诚恳祈求上天的宽恕。

随着科学昌明，人们逐渐认识到了，现在地球上的天灾人祸，多半与人类社会贪婪愚痴、无视天道规律、对大自然需索无度密切相关。所以，从这个意义上来说，境由心造，境由己造，此言果不虚也。

本迷摩尼
謂瓦礫
豁然自覺
是真珠
無明
智
慧
等無異
當知萬法
即皆如

69 生生之意，天地之心

原文

万籁寂寥中，忽闻一鸟弄声，使唤起许多幽趣；百卉摧剥后，忽见一枝擢秀，便触动无限生机。可见性天未常枯槁，机神最易触发。

草木才零落，便露萌颖于根底；时序虽凝寒，终回阳气于飞灰。肃杀之中，生生之意常为之主，即是可以见天地之心。

译解

万籁俱寂之中，忽然听到一只鸟的叫声，会从幽静中唤起许多生趣；百花凋零之后，忽见到一枝花挺立怒放，会从肃杀中感到无限生机。由此可见，天地之间的生气从来没有枯萎，生命的活力随时都会乘机发动。

草木刚刚枯萎凋谢，新芽就已在根部萌发；时节到了寒冬腊月，终究还会回复至温煦的阳春。在一片肃杀的气象之中，天地之间依然埋伏着无限生机，由此可见化育万物的天地之心。

感悟

这两条，看起来是在写现象，实际上通篇都在讲哲理，讲东方传统智慧中的“生生之意，天地之心”之理。这个问题非常深邃，需待从头说起。

何谓生生之意？《易经》说：“生生之谓易”，又说：“天地之大德曰生”。这是中国哲学宇宙天地的最根本的定位：宇宙大化，生生不息。生生，强调了宇宙天地庞沛的生命力量；以“德”配生，强化了“生”之普遍实在的善的价值。《系辞》云：“夫乾，其静也专，其动也直，是以大生焉。夫坤，其静也翕，其动也辟，是以广生焉。广大配天地，变通配四时，阴阳之义配日月，易简之善配至德。”“大生”之乾，推而进为坤之“广生”，乾坤交感，气化流行，万物生生，如此伟大的生生之善，归之为“易简”。乾坤“易简之善”，繁衍生成天地万物，称为“至德”。

何谓天地之心？天地之心，缘于《易经》的《剥》卦和《复》卦。《剥》卦，卦象为下坤上艮，“群阴剥阳”。以人事为喻，小人邪气凶盛，君子受排挤迫害，达到顶点时只剩下一阳，孤零零地处于上位。由于阳为大，阴为小，故称一阳为硕果，“硕果仅存”这个成语，恐怕是来自这卦。也就是说，剩下的一阳硕果独悬于上，尚未被阴所剥落。或说阳虽处下风，被剥落到仅余硕果，但阴阳同根，阳不会消尽，并且物极必反，仅存硕果会迸发生机，由被剥而复生。《复》卦，下震上坤，五阴居上，一阳居下。由剥而复，一阳复始，大地重现生机。为《周易》作传的孔子，抓住复卦的核心奥秘，提出了一个激动人心的课题，即：“《复》，其见天地之心乎！”由复卦可看出天地之心，充满生生之机，虽然有阴阳消长的相反相成，但生生之机仍为天地之主。

在理学集大成者朱熹之前，儒、道两家虽然都推崇《周易》，但在“天地之心”这个问题上，他们的观点不太一致。儒家认为天地之心为“生”为“动”，其代表人物是程颐。他说：“一阳复于下，乃天地生物之心也。先儒皆以静为见天地之心，盖不知动之端乃天地之心也，非知道者熟能识之。”又说：“人说《复》，其见天地之心，皆以谓至静能见天地之心，非也。《复》之卦，下面一画，便是动也，安得谓之静？自古儒者皆言静见天地之心，唯某言动而见天地之心。”道家则认为天地之心为“无”为“静”，代表人物是王弼。他强调千变万化的事物最终必归于寂无、静止，《复》卦雷息于地中，就是象征阳气之返于本，亦即表现出以无为本的天地之心，“故动息地中，乃天地之心见也”。王弼以无为本、以静为根的学说，源于老子“天下万物生于有，有生于无”。与儒家以生为本、以动为用的学说形成对立。

朱熹直接继承了天地之心是生是动的观点，突出“生”意的四季贯通，但也吸纳了王弼的一些观点，不否定静的作用。他说：“积阴之下，一阳复生。天地生物之心几于灭息，而至此乃复可见。在人则为静极而动，恶极而善，本性几息而复见之端也。程子论之详矣。而邵子之诗亦曰：‘冬至子之半，天心无改移。一阳初动处，万物未生时。玄酒味方淡，大音声正希。此言如不信，更请问包羲。’至哉言也，学者宜尽心焉。”天地以生物为心，但此心在积阴之下却几乎灭息，直至一阳复生，静极而动，才又重新显发。程颐言“动之端”，意在否定宇宙生成上静的价值，朱熹讲“静极而动”，一定程度上肯定了静的意义。朱熹又引邵雍诗，强调天心无改，万物未生，玄酒方淡，大音正希，也都突出了静的特征。他要求学者，要于静中体验动，静与动相互发明，才能真切体认天地之本性。

朱熹认为，在隐微虚静中去体会动，从死灭中去体会生是认识生的更为重要的方面。对“生”意的认识，贵在看到秋冬雪霜亦是生生不息，亦是“生”意贯通。他说：“天之春夏秋冬最分晓。春生，夏长，秋收，冬藏。虽分四时，然生意未尝不贯。纵雪霜之惨，亦是生意。”这句话，是本条菜根“草木才零落，便露萌颖于根底；时序虽凝寒，终回阳气于飞灰。肃杀之中，生生之意常为之主，即是可以见天地之心”最好的注脚。人间虽有零落凝寒，但生生之意是不灭的，零落中有生意，凝寒中有生机。不论是春夏秋冬还是屈伸往来，可以说都是一个生意贯穿。这生生之意，为天地之常主，是宇宙最大的善。

朱熹不仅从四季贯通角度阐释“生”意，而且将其联系到本体论上。他说：“但其静而复，乃未发之体；动而通焉，则已发之用。一阳未复，其始生甚微，固其静矣，然其实动之机，其势日长，而万物莫不资始焉。”静作为未发之体，虽然尚无端倪可见，但天地之心的生机却从未止息。进一步，朱熹又将程颐的“动之端”深化为“动之机”。因为既然有“动之端”，也就可由此推出“动之端”之前即静，故静而未发的状态是不能否认的。静时的生意隐微难现，但并不妨碍隐藏于其中的“动之机”。正是因为有这动之机，未发才可能走向已发，万物亦凭此“动机”而生。此即菜根所谓“性天未常枯槁，机神最易触发”是也。由此，王弼的“静”和程颐的“动”得到了统一，但是这种动静的统一并不是动静机械交替，而是静蕴藏着动的潜能，静中有动，静与动融会贯通。“动之端”的意义，就在于引导人们由此端绪入手，去贯通天地之心的体用全体，从“动之端”的发用处，窥知未发静体的存在。

朱熹继承程颐，将天地之心与仁德恻隐联系在一起。他说：“天地生物之心是仁。人之禀赋，接得

此天地之心，方能有生。故恻隐之心在人，亦为生道也。”人本身就是天地生物之心发用的产物，所以天之生生之德自然地表现为人之仁德，恻隐之心就是人之生道。可以说，一个“生”意将天人之际贯穿了起来。他还说：“故圣人说《复》见天地之心，可见生气之不息也。所以仁贯四端，只如此看便见。”由《复》卦天地之心而引出的，既是生气不息，又是仁贯四端，生生不息不只是天地的本性，而且是人之本性。《易经》云：“天行健，君子以自强不息。”天道运行的恒进不止与君子法天的自强不息天人合一，相互贯通。

概括来说，天地之心，阴阳变化，盈虚消长，生生不已，循环无端；天地之心，恻隐仁德，同于人之本性。后世王阳明、王夫之等，又提出了“人者，天地之心”这个命题。总之，天地之心是宇宙的根本大法，它涵盖世界的一切方面，包括人类的一切方面。政治上的治乱分合，政权的兴衰交替，政治人物的起落上下等等，都逃不出这一自然的根本大法。乃至军事上的胜败战和，事业上的成功失败，得失穷通，甚至心理与情感上的喜怒哀乐，也都有天地之心在起支配作用。

天地之心的突出表现，在于“物极必反”规律。《夬》决阴而成纯阳之《乾》，阳而极盛，极而必反，于是《姤》之一阴油然而生，生而长，长而壮，物壮则老，阴长至《剥》，猖狂至极，极则必衰，于是“硕果仅存”之一阳“七日来复”，遂成阳《复》。一阴一阳，极则必反，兴衰交替，无时或已。从天地之心运行中，我们可以感悟到：人生于世，要居安思危，持盈保泰，不走极端，以免走向反面；对待困难和失败，应养精蓄锐，保持元气，坚信阴剥极尽必转为阳气来复。有道是：冬天已经到了，春天还会远吗？

70 人是天的副本，宇宙的缩影

原文

心体便是大体。一念之喜，景星庆云；一念之怒，震雷暴雨；一念之慈，和风甘露；一念之严，烈日秋霜。何者少得，只要随起随灭，廓然无碍，便与太虚同体。

译解

人的精神本体就是宇宙天地精神的本体。人一念之喜悦，就如同天地出现瑞星祥云；人一念之愤怒，就如同天地发生震雷暴雨；人一念之慈悲，就如同和风甘霖滋润万物；人一念之冷酷，就如同烈日秋霜一片肃杀之气。人有喜怒哀乐的情绪，天有风霜雨露的变化，有哪些能少得了？人的情绪只要随着大自然的变化随时起随时灭，对广大宇宙的运行就没有丝毫阻碍。人的修为能达到这种境界，就可以和天地同心同体了。

感悟

“天人合一”是中国传统哲学最重要的思想之一，是古代中国人最基本的思维方式。钱穆认为，“天人合一”是整个中国思想之归宿。天人合一，从古到今，各家有各家的说法，各有各的“天”，各有各的“合”法：

老庄的“天人合一”合于自然。老子说：“人法地、地法天、天法道、道法自然。”庄子说：“天地者，万物之父母也。”宇宙自然是一大天地，人是一小天地，人和自然本质上相通，故一切人事均应顺乎自然规律；孟子的“天人合一”合于“仁”。孟子说，仁义礼智四者是人之天性，人皆有之，故人性本善；张载的“天人合一”是“万物一体”。张载从孟子“万物皆备于我”入手，提出人与天地万物为一体的“天人同构”观，他说：“故天地之塞，吾其体；天地之帅，吾其性。民吾同胞，物吾与也。”民胞物与，就是天人同构，人与天地万物为一体；宋明理学“天人合一”是“一体为仁”。北宋程颢提出“仁者以天地万物为一体”。也就是说，人之至善的本性“仁”，源于“天地万物”。凡保有“仁”之天性者，都能与天地万物密切相与而为一体，故能爱人爱物，如同爱已；朱熹以孔孟之道作为理的终极，以“去人欲，存天理”来实现天人合一；王阳明认为人与天地万物一气流通，原是一体，天地万物的“发窍之最精处”即是“人心一点灵明”，人心即是天地万物之心。怎样实现“天人合一”，那就要“求至善，存天理，致良知”。

由此可见，“天人合一”是一个大箩筐，人人的东西都往里面装。本条菜根阐释的其实也是“天人合一”，不过其本来自董仲舒的“天人感应”说。董仲舒认为“天”也有“喜怒之气，哀乐之心，与人相符，以类合之，天人一也”。也就是说，天和人是同类的，人有什么，天也就有什么，天有什么，人也有什么，人是天的副本，宇宙的缩影。基于天人相副，董仲舒认为，天与人交相感应，所以人的不道德会从天那里得到惩罚，出现“天怒人怨”。董还认为，天地宇宙乃气化而成，在天地宇宙阴阳之气的包容中，人之气与天地宇宙之气互为流通交相渗入，因而人之气会影响到整个天地宇宙之气。如果人之气调和顺适，此气与天地宇宙之气相混合，天地之序即顺，祥瑞乃现；如果人之气邪乱乖谬，此气与天地宇宙之气相混合，天地之序即乱，灾异乃出。

“一念之喜，景星庆云；一念之怒，震雷暴雨；一念之慈，和风甘露；一念之严，烈日秋霜”，是天人感应之说的具体阐述，讲人之心与天之心同体，人之气影响天地之气。特别是作为帝王，更不能倒行逆施，否则，天就会发脾气，降灾祸，这时帝王们要赶快下罪己诏，深刻反省，有则改之无则加勉。抛开帝王不说，无数的百姓构成全国的人，如果全国的百姓和谐相处，温良恭让，则召感天地的是祥和之气，这样就会风调雨顺。如果全国的人道德败坏，自私邪恶，则召感天地的是乖戾之气，这样就会产生天灾人祸。佛教“境由心造”的说法，与此类似。心清则天地清，心浊则天地浊。佛家讲造业有身、口、意三业。意业就是思维意念所造业，心里思维什么，世界一定会出现什么，思一善，则世界成一善，思一恶，则世界成一恶，若世界上绝大多数人内心邪恶，就会形成恶的共业，就会招致天灾人祸。所以佛家要求弟子们:心行好意，口说好语，身做好事。从这个角度来看，“天人合一”和“境由心造”异曲同工，不谋而合。

“何者少得，只要随起随灭，廓然无碍，便与太虚同体”，则具浓厚的佛道意味。从道家来说，人之喜怒哀乐与天地节候相应，顺其自然，合乎规律，不强加什么，不过分作为，这样就能与“天”合一，同乎大道。从佛家来讲，人之喜怒哀乐，不要执着，不要沉溺，随缘任运，心无增减，这样就更能净化内心，从而洞见内心那个与天地宇宙同体的本我自性，回归生命的终极故乡。从现代心理学上来讲，人之喜怒哀乐，不能放纵，也不能太过压抑，放纵则有损五脏六腑，压抑则容易郁结身心之病，喜怒哀乐随起随收，才能平衡身心，保持健康。

此外，“天人合一”思想深刻地影响了中国的中医、建筑、风水、艺术等。风水学的核心是“天人合一”，即人类的生存必须和天地自然、宇宙万物减少对抗和冲突，取得和谐平衡，这样才能生存得安宁快乐。如何在地球找到一个适合于生存的环境,或如何加以合理的改造,将环境变得适于生存,这是风水学的目标。比如说，风水宝地最好要三面环山，环绕包围，好让河水流出，让人出入，山要丰腴饱满，跌宕有情，开合得体，水要充沛温润，曲折有致，流注和缓。两者配合得当，就可以做到冬暖夏凉，通风采光，抵抗侵略，功能齐全。

总之，中国古代的“天人合一”思想，强调人与自然的统一，人的行为与自然的协调，道德理性与自然理性的一致，对于我们现在搞科学发展和谐社会，具有相当重要的参考意义。

71 倾听你的内心，因为它源自天地之心

原文

花居盆内终乏生机，鸟入笼中便减天趣，不若山间花鸟错集成文，翱翔自若，自是悠然会心。

译解

花儿栽种在盆里，总是缺乏自然生机；鸟儿关入笼中，立即减少天然情趣。不像山林中的花，能够自然交错形成美丽的形象；不像山林中的鸟，能够自由自在地飞翔。我们心中自然能够领悟其间的妙趣。

感悟

这条菜根的主旨，是强调保持自然天性的可贵。说到这个话题，一定绕不过庄子先生。庄子最强调保全天性，自然无为。他在《养生主》中说："泽雉十步一啄，百步一饮，不蕲畜乎樊中。神虽王，不善也。"意思是说：沼泽边的野鸡走上十步才能啄到一口食物，走上百步才能喝到一口水，可是它丝毫也不祈求

养在笼子里。生活在笼子里不必费力寻食，精力也旺盛，但那不是它所乐意的。

庄子在《达生》还说了这么一个故事：有只海鸟飞到鲁国，鲁国国君很喜欢它，用“太牢”来宴请它，奏“九韶”乐来让它快乐，海鸟竟然不但不快乐，而且忧愁悲伤，头晕目眩，不敢吃也不敢喝。庄子说，这叫作按人的习性来养鸟。假若是按鸟的习性来养鸟，就应当让它栖息于幽深的树林，浮游于大江大湖，让它啄泥鳅，吃小鱼，这本是极为普通的道理而已。庄子认为生命是可贵的，要珍惜，要保全。而保全的方法，就在于顺乎自然。像鸟，栖息于深林之中，翱翔于天空之上，既自由又快乐，为何会如此呢？因为它是顺着自然的本性而生活。一旦把它捉到笼子里，尽管喂它最好的食物，奏最好的音乐给它听，结果鸟反而“忧悲眩视，不敢饮食”。为何会如此呢？因为这不适合它的自然本性。鸟如此，人亦然，一切违背自然本性的生活，都是伤生害命。

庄子还反对仁义道德，矫揉造作。庄子反道德，但反的不是道德本身，而是“人为”。他认为道德的本质在于无为，在于一切顺从天然。“恬然寂寞，虚无无为”。所谓无为，并不是什么也不干，而是顺乎自然天性，不另立规矩。他描写上古之世的特点，在于“莫之为而常自然”。后来人类变坏了，失去自然的天真，才出现仁义道德、伦理法则。庄子认为上古之世，几乎人人都是道德良好而不自知。到了后来，人类丧失了天真，才有少许的人，恢复天真，这种人就是“真人”。后来道教有个“全真派”，其尊奉的理念与此一脉相承。

清代大才子龚自珍写过一篇《病梅馆记》。他文中说：文人画士认为，梅花以弯曲为美，笔直就没了风姿；以枝干倾斜为美，端正就没了景致；以枝叶稀疏为美，茂密了就没有姿态。这些文人画士把这些隐晦的嗜好告诉卖梅的人，让他们砍掉梅端正的主干，培养梅倾斜的侧枝，除去梅繁密的部分，伤害梅的嫩枝，锄掉梅笔直的枝条，阻碍梅的生机，用这样的法子来谋求高价，于是江浙一带的梅都变成病态了。龚自珍在这里谴责人对梅的摧残，实际上是在谴责礼法社会对人性的摧残、科举制度对人才的摧残。所以他物伤其类，大发悲心，“购三百盆，皆病者，无一完者。既泣之三日，乃誓疗之。纵之顺之，毁其盆，悉埋于地，解其棕缚；以五年为期，必复之全之。”表达了抒发自然天性的愿望。

几百年前，江浙之地的梅都病了，现在，全国的梅都病了。现在我们离开庄子的时代已经几千年了，离开人的自然本性也不啻几千年了。看看我们身边的一些干部，开口动言，左请示，右报告，卑躬屈膝。我身边一位领导身体经常出毛病，去医院看医生，医生说，你没病，你是自我压抑过多，影响生理机能。看看我们身边的商业高管，他们好像已经变成了一架赚钱的机器了，黑着一张脸，瞪着一双眼，开口就是业务，闭嘴就是收入，动不动就要扣员工的绩效，摘中层的乌纱。把整个社会搞得浮躁焦虑，不遑宁处。看看我们身边的孩子，十几岁的样子，不是关在教室里，就是关在家里，弓着背，架着高度近视眼，埋首作业堆里，被老师家长逼成了老夫子了。这本应是他们无忧无虑、尽兴玩耍的年纪呀。真是悲催之极。

什么时候我们能够回归自然，回归本心本性？就像《牧羊少年奇幻之旅》一书所说的：“倾听你的心，因为它源自天地之心，而且它总有一天将会回归天地之心。”

72 人的灵性与物的灵性悠然神会

原文

鸟语虫声，总是传心之诀；花英草色，无非见道之文。学者要天机澄澈，胸次玲珑，触物皆有会心处。

译解

鸟的啼鸣和虫的声音，都是印证心性的秘籍；花的艳丽和草的青翠，都是呈现妙道的文字。读书做学问的人，不可以拘泥于书本，而是要让自己的心智灵明，心胸洒落，这样在接触万物的时候，就能心与境合，物我同一，悠然心会。

感悟

天文学家告诉我们，我们所处的这个宇宙，已经有一百三十多亿年寿命了，来源于一次大爆炸。这个大爆炸起于一个极细微的奇点。道家告诉我们，天下万物有生于无。佛家告诉我们，超越于我们的经验世界之上，有一个“真空”，这个“真空”生山河大地、大千世相，“无不从此法界流，无不归于此法界”。科学家的这个“奇点”，道家的这个“无”，佛家的这个“真空”，或许异名而同质，指的就是共同的宇宙天地之源，万有之母。按照量子理论，“无”中有量子起伏，有很多虚粒子对不断生出、湮灭，总能量为零。一次量子跃迁导致了宇宙大爆炸，产生了我们目前的宇宙，但还有很多平行宇宙产生。“无”就像开水，不断有气泡生出、膨胀、涨破然后又回归于无（水）。无量无边的宇宙就像这些不断生出、湮灭的气泡。

万千世相、万千事物、万千生灵在这个母体之中生生灭灭。因缘凑泊中，忽而出现了一个“我”，从理论上来讲，这个“我”与“我”相对的世上万事万物都是有差别的，但也是同一的。差别是品类不同，佛家讲世界有有情世界和无情世界，生命有卵生胎生湿生化生之属。而同一是，我与从同一个母体出来大千万象，都具备母体的造物密码，灵性因子，就如禅语所云：千江有水千江月。所以，人在世界中不要把自己孤立于万物万象之外，不要把自己和他人对立起来，不要把人类和异类对立起来，不要把人类和大自然对立起来。与人相接，我们要有亲切感；与物相接，我们也要有亲切感；与花鸟虫鱼相接，我们要有亲切感；与山川天地相接，我们要有亲切感；与日月星辰相接，我们也要有亲切感。李白诗云：“相看两不厌，唯有敬亭山。”辛弃疾词云：

"我见青山多妩媚，料青山见我应如是。"鸟语虫声，花英草色，都是宇宙之母所化所作，都有宇宙天地间同一的灵性，都有与人一样的灵性，这个灵性就是"道"，就是"本心"，而这个"道"就是古之读书做学问的人所孜孜以求的终极目标。

读书做学问，目的是问道，但不能拘泥于书本，拘泥于文字。文字并不是道，文字所指向所揭示的才是道。语言文字是对"道"无奈的描述，并不是道本身。读读书做学问，不仅要读有字的书，更要读无字的书。禅宗问道参禅，讲究不立文字，心与境会，见性成佛。人有佛性，石头也有佛性。生公说法，顽石点头。郁郁黄花无非般若，青青翠竹尽是法身。所以，我们要涤除心灵的尘垢，让心如明镜般澄澈；我们要打开自己的心胸，让内心活泼灵动自在无碍。这样，人与我才不会有藩篱，我与物才不会有隔阂；这样，人的灵性与物的灵性便能悠然神会，互相映照。

73 哥弹的不是琴，是心境

原文

人解读有字书，不解读无字书；知弹有弦琴，不知弹无弦琴。以迹用，不以神用，何以得琴书之趣？

译解

人们只知道读有字的书，却不知读天地自然这本无字的书；人们只懂得弹有弦的琴，却不知领略大千世界的天籁之音；人们只知运用有形的器物用具，却不知运用无形的心意精神。如此浅陋鄙俗，怎能获得琴书的真正妙趣呢？

感悟

有从无出，无乃有之母，是大有，是妙有。

寻章摘句老雕虫，书呆只读有字书。读有字的书当然没有错，但当人只在有字书中钻进钻出，搬来运去，这未免就忘了本源了。文字反映的是现实世界和人心人生，文字只是对现实的模拟和反映，要认识真正的世界，要获得最真切的感受，还是要直面天地宇宙人生社会这本无字天书。

禅宗开始的时候激烈反对文字，怕的是落入文字障，拘泥执着于文字的形象或逻辑思维，而见不到文字背后的真实。但实际上文字也不是那样罪恶滔天，文字毕竟也是传情载道的工具，禅宗经典《坛经》也是文字。不立文字的本意，是要禅者不要拘泥于文字，而应在搬柴运水、穿衣吃饭、云水行脚的现实生活中，直接体悟妙道，因为道在一切的一切之中，不光只是在文字中。古人写文写诗，除了载道的正大堂皇之诗文外，更多喜欢模山范水，咏物抒怀，读这类有字诗文，当然也能获得有余不尽的审美情趣。但晚明张潮却在《幽梦影》中说：“善读书者，无之非书，山水亦书也，棋酒亦书也，花月亦书也。”寻幽探胜、饮酒弈棋、观花赏月，都是一种诗意的生活和感受。所以，人生要善读有字书，更要善读无字书。我非常喜欢黄庭坚的“落木千山天远大，澄江一道月分明”句，读有字诗的时候，我们可以通过文字还原黄庭坚当时所置身的境界，但这毕竟是想象中的境界，如果我们独立落叶萧萧的寒秋，看江天空阔，远山如黛，月映沧波，大江东去，则更能真切感受到作者当时苍茫阔大的心境。

人一般都弹有弦琴，琴若无弦，音将何出。但偏偏也有人弹“无弦琴”。《宋书·陶潜传》云：“潜不解音，而蓄素琴一张，无弦，每有酒，适辄抚弄以寄其意。”陶渊明弹无弦琴，颇类似于现代网络上的囧语：哥喝的不是酒，而是寂寞。而陶哥弹的也不是琴，而是心境、意趣。抚琴是寄托闲适之趣，我心本闲适，何用旋律音声？也许旋律音声，更会坏我闲适之境亦未可知。此其一。其二，庄子文中，有人籁、地籁、天籁之说。人用器具弄出来的声音，比如有弦琴弹出来的，大概是人籁。大地窍孔中发出的声音，是地籁。地籁发出的声音，有的呜咽低回，如泣如诉，如怨如慕；有风急天高，山呼海啸，别有一番壮阔大气。所以，用心之手去拨弹天地自然这部无弦琴，用心之灵去倾听天地自然这部波澜壮阔的乐章，会获得比有弦琴音不一样的内心感受。天籁，有的人解为大自然发出的声音，我认为不对。天籁，是无声之声，是老子所说的：大音希声。这个大音，这个天籁，是天地运行之律，是宇宙造化之道，是我们自身存有之本心本性。纵浪在大化之中，逍遥于自在之境，沐浴在本心本性之中，一切圆满具足，无喜无惧，无执无碍，不欠不余，这种无声的乐章，有什么可以与之比拟呢？

读有字书，弹有弦琴，是以迹用；读无字书，弹无弦琴，是以神用。中国传统所崇尚的，是言外之意，是象外之致，是韵外之胜，是形而上的道、精神与审美感受。以神用，就是要以心意精神去体悟妙趣，把握妙道。王安石说：“糟粕所传非粹美，丹青难写是精神。”弹琴，写字，画画，既是迹用，也是神用。以技巧和方法为之，是以迹用，以灵心和妙悟为之，是以神用。以迹用弹琴，则可以弹得好听，但不可以弹得动听；以迹用写字，可以写出美术字，但写不出艺术品；以迹用绘画，可以曲尽细微，毫发毕肖，但却没有精神气韵。以迹用，可以成匠，但不可以成家。所以，人之于世，为人要用心，才会赢得人气，做事要用心，才能创造精彩，从艺要用心，才能成为大家。即便是游山玩水，也要用心灵去参与，否则，你看到的只不过是山水而已。山水的精神气韵，必须神遇，方可与之悠然心会。

74 手舞足蹈，心神融洽

原文

善读书者，要读到手舞足蹈处，方不落筌蹄；善观物者，要观到心融神洽时，方不泥迹象。

译解

善于读书的人，要读到手舞足蹈心领神会的境界，才不会掉入文字陷阱；善于观物的人，要观到心与事物融为一体的境界，才不会拘泥表面现象。

感悟

“得意忘言”是中国哲学上的一个重要命题。语言文字是表达内容的工具，但内容并不等于语言文字。道家的最高本体是“道”，佛家的最高本体是“佛性”，儒家的最高本体是“理”，语言文字可以近似地描摹它们，但语言文字绝不是它们的本身。中国诗学深受庄禅哲学的影响，认为好的诗歌言有尽而意无穷，有言外之意，韵外之致。钱锺书先生诗云：“诗欲宣心词达意，筛教盛水网罗风。”人的模糊、朦胧的意念，人的直觉性的经验，是无法用语言文字完整准确表达出来的。如要表达，也好比竹筛盛水、渔网捕风，挂一漏万。

“得意忘言”语言出《庄子》：“筌者所以在鱼，得鱼而忘筌。蹄者所以在兔，得兔而忘蹄。言者所以在意，得意而忘言。”魏晋时王弼在《周易略例·明象》进一步发挥：“夫象者，出意者也。言者，明象者也。尽意莫若象，尽象莫若意。言生于象，故可寻言以观象；象生于意，故可寻象以观意。意以象尽，象以言著，故言者所以明象，得象而忘言；象者所以存意，得意而忘象。”

“言”是语言、概念，“象”是事物、形象，“意”是本体、本源。在王弼看来，言、象、意是一种递进关系：言生于象，象生于意，意以象著，象以言著。他认为，“言”可以指称“象”，“象”能够体现“意”，但“言”却不能完整准确地把握“意”。也就是说，“言”可以达到本体之表现，却不能达到本体之本身。“言”与“象”只是得“意”的工具，而非“意”本身，因此认识不能仅仅及于“言”与“象”，而必须求其深层之“意”；同时又因为“言”与“象”仅是工具，故得到“意”之后即可抛弃，如同捕到兔子后可以丢掉套索，抓到鱼便可以丢掉筌竹篓一般。故他下结论说：“忘象者，乃得意者也；忘言者，乃得象者也。得意在忘象，得象在忘言。”简言之，即“得意忘言”。

禅宗的证悟方式与“得意忘言”类似。禅宗说：“教外别传，不立文字，直指人心，见性成佛。”佛祖说法三十九年，弟子们整理出经义三藏十二部，浩如烟海。但经义能不能完整表达佛性呢，答案是否定的。佛祖说自己说法三十九年，不曾说得一字，意在破除弟子们的文字执、法执，怕弟子们拘泥于文字经法，而悟不到真谛。禅宗所说不立文字，也不是说不要经义，而只是强调不要拘泥于经义。经义如筏，筏至彼岸，舍筏上岸，经义可弃。《金刚经》云：“汝等比丘，知我说法，如筏喻者；法尚应舍，何况非法。”《十牛图颂·忘牛存人》：“骑牛已得到家山，牛也空兮人也闲。红日三竿犹作梦，鞭绳空顿草堂前。”

“得意忘言”对中国文学产生深远影响。唐司空图论诗：“诗家之景如蓝田日暖，良玉生烟，可望而不可置于眉睫之前也。象外之象，景外之景，岂容易可谭哉！”宋严沧浪论诗：“诗者，吟咏情性也。盛唐诸人，惟在兴趣，羚羊挂角，无迹可求。故其妙处，透彻玲珑，不可凑泊。”严羽还用“空中之音、相中之色、水中之月、镜中之像”来形容“言有尽而意无穷”的空灵玄远的诗境。认为诗歌不可执着于语言文字的表面意义，而要深入探求并体会象外之象、言外之意；同样在创作上也就不应局限于表面的形似，当追求其内在的神韵，有寄托，有深意，做到“不著一字，尽得风流”。

所以，读书不光要读，而且还要悟，要通过熟读文字，去妙悟文字背后的深意。读到心领神会，手舞足蹈，妙不可言，得意忘言，才是读书的最高境界。

观物，是古人认知宇宙人生本质的一种直觉方式。这种本质，无非就是道家的“道”、佛家的“佛性”、儒家的“理”“性”“命”等。所谓“物”，是包括人在内的宇宙万象。北宋理学家邵雍有《观物篇》专论此。邵雍说：“夫所以谓之观物者，非以目观之也，非观之以目而观之以心也，非观之以心而观之以理也。”“观物”，不是用眼去观，而是用心去观，不仅是用心去观，更是要从理的角度去体认。邵雍认为，“以目观物，见物之形，以心观物，见物之情”，它们都带有主观性，主观投射到客观，客观就蒙上了主观，认识到的就不是真知。只有“以理观物”才能“见物之性”，认识事物的本质。

以目观物、以心观物，可称为“以我观物”。“以理观物”可称之为“以物观物”，又叫作“反观”。邵雍说：“圣人之所以能一万物之情者，谓其圣人之能反观也。所以谓之反观者，不以我观物也。不以我观物者，以物观物之谓也。”人是万物中之一物，只有避开主观因素，从万物的立场去认识万物，才能认识到事物的本质。人所以能够通过反观认识本质，是因为人是“物之至者”，即万物之最灵者，人一身兼备万物，目能收万物之色，耳能收万物之声，鼻能收万物之气，口能收万物之味，所以人只要反观自身就可以通达万物。孟子云：“万物皆备于我”。“以物观物”有三个特征。一是，认识事物要排除主观，打破物我界限，以一心观万心，以一身观万身，以一物观万物，以一世观万世；二是，人是万物之灵，通过反观自身体悟宇宙人生真谛；第三，不能用感官和思维认知世界，而是要通过直觉体悟。

以物观物，亦称之为“物化”，物化的过程，就是主体自我隐退的过程。庄周梦蝶，栩栩然不知庄生梦到了蝴蝶，还是蝴蝶梦到了庄生，这就是物化。人认识世界，以主体作用于客体，于是就产生了物我分别和人我是非。物化，就是在认识过程中忘却主体自己，随物而化，达到物我两忘，能所双忘的境界。王维《辛夷坞》：“木末芙蓉花，山中发红萼。涧户寂无人，纷纷开且落。”以无我之心写自然之境，主体与客体冥然契合，融为一体，深得禅意，深得观物真谛。

“观物”的哲学意蕴用到诗歌艺术上，王国维在《人间词话》中指出“有我之境”“无我之境”以及“以我观物”“以物观物”的观点。有我之境，就是以我观物，物皆着我之色彩，比如“泪眼问花花不语，乱红飞过秋千去”“可堪孤馆闭春寒，杜鹃声里斜阳暮”等；无我之境，就是以物观物，于静中得之，不知何者为我，何者为物，比如“采菊东篱下，悠然见南山”“寒波澹澹起，白鸟悠悠下”等。以我观物，所形成的作品就是“有我之境”，由景生情，借景抒情，寓情于景；以物观物，所形成的作品就是“无我之境”，羚羊挂角，无迹可求，透彻玲珑，不可凑泊，如空中之音，相中之色，水中之月，镜中之像，言有尽而意无穷。也就是说，诗歌有禅意。

宗白华先生提出以“澄怀观道”“静照忘求”的方式来抵达山水诗的意境。“澄怀观道”，就是清空自我，让内心变得空灵澄澈，在这样的状态下体悟山水中蕴含的自然之道；“静照忘求”则是在深沉静默的观照中，淘洗自己在世俗中沾染的尘渣，以这种方式在山水中反观自然本真。

善观物者，一是不以目观，以目观则只见其形；二是不以心观，以心观则主观蒙蔽客观；三是要以物观物，观到心融神洽，物我两忘，臻于物化之境。手舞足蹈，是为真得，有真得方感其妙而舞其足，不舞足不足以抒发情怀；心神融洽，是为真见，有真见方超象外而融其心，不融心便无以发明本心。见象外之象，方是真见；得身外之身，方得本身。

75 天心处处明如昼，一点冰花溅火红

原文

胸中既无半点物欲，已如雪消炉焰冰消日；眼前自有一段空明，时见月在青天影在波。

译解

胸中不存一丝半点尘情物欲，就好像雪消于炉焰之中冰化于红日之下；眼里常存一段空明澄澈之境，自性光辉有如青天明月时时投影在波心。

感悟

从悟禅的角度来说，能达到“雪消炉焰冰消日”的境界，就算快要功德圆满了。宋代廓庵禅师《十牛图颂》之八《人牛俱忘》云：“红炉焰上争容雪，到此方能合祖宗。”“红炉片雪”的意象，喻指调心者渐渐达到“人牛俱忘”的境界。片雪投入彤红的炉中，立刻融化，象征着般若智慧能够当下消除一切执见和虚妄之情。此时内无我，外无物，主客皆空，能所双忘，

自性的光芒，犹如红炉烈焰，举凡善恶、美丑、是非、生死、得失等相对观念，如同片雪投炉，消融于这个绝对的境界中，无一物可得，正如《心经》所云："无无明，亦无无明尽，乃至无老死，亦无老死尽。"修行至此，无言无说，契入心境俱空、人法双亡的绝对境界，当下即与诸佛的心印契合。

"月在青天影在波"，禅者经常用来喻指明心见性的状态。当禅者的心地修炼到万缘俱息、澄明如镜的时候，自性之光芒豁然显现，有如一轮明月现前后，历历孤明，投影到澄明的心境中。另一版本《菜根谭》云："看破有尽身躯，万境之尘缘自息；悟入无怀境界，一轮之心月独明。"《小窗幽记》云："千江月，总是一轮月光，心珠宜当独朗。"亦是表达此一境界。弘一大师临终诗偈："君子之交，其淡如水。执象而求，咫尺千里。问余何适，廓尔忘言。花枝春满，天心月圆。"枝头上花儿灿烂开放，表明春天到了；一轮明月高挂天心，表明功德圆满了。花枝春满，天心月圆，印证了弘一大师的修佛境界。

元代石屋清珙禅师，结庐湖州霞雾山凡三十余年，耕田种菜，运水搬柴，洁身自律，一意清修，终成一代高僧。临终入灭，有辞世偈云："青山不着臭尸骸，死了何须掘土埋。顾我也无三昧火，光前绝后一堆柴。"何其自在洒脱。禅师有《山中吟》诗云："百年日月闲中度，八万尘劳静处消。绿水光中山影转，红炉焰上雪花飘。"又云："著意求真真转远，凝心断妄妄犹多。道人一种平怀处，月在青天影在波。"本条菜根，恐怕是源自石屋的禅诗。我在"缠中说禅"的博客中，还读到一句"天心处处明如昼，一点冰花溅火红"，觉得灵光四溢，与"雪消炉焰冰消日，月在青天影在波"意境相类。

以上说禅。作为我等凡人，读这种清如水、明如镜、不着烟尘火气的句子，虽然不能悟道，却也大感上下通明，内外清凉。时下有本杂志，一帮文人在里面高谈自在人生，煞有介事。自在者，心无挂碍，行止在我。实际上，茫茫世间客，

一渠
春碧
弄潺潺
密竹繁花
掩映間
看處便須
終日住
算來
爭得
此身閒
星雲大師釋唐
詩人吳融詩境

行走在灼灼红尘中，有几个人能得自在？不为形役，也为功名役；不为物牵，也为花草牵。人有自在之求，即便是不自在；人有自在之念，即便是不自在；人有自在之谈，即便是不自在。真正的自在者，身在自在之中，不知自在为何物，就如鱼得水游而相忘乎水，鸟乘风飞而不知有风一般，就像那些顿悟了的高人一样。不过话又说过来，人不自在而又想自在，证明咱们这些俗人们，内心还是有着一念的觉心灵明在。这一念觉心灵明，也许就是能将生命相对安顿下来的苗头。所以，人在俗世中不要一天到晚干着俗事，三更半夜想着俗事，我们要在这密不透风的俗世中，打开一个天窗，给心灵洗洗澡，给自己的生命带点禅意。这样，也许会让我们活得比较自在一些，超脱一些。

心灵第一要洗的，是物欲。茫茫世间客，既从欲中来，也在欲中讨生活，活着的目的不是了什么参禅悟道，而是为了在俗世中过得好些，你要他们胸中无半点物欲，简直就不人道。但物可以养人活人愉悦人，也可以害人甚至毁灭人。所以人需要物，但最好不要有太多物欲。因为人的这个物欲，往往不是为了需要，而是为了贪求，占有。物欲太多，牵挂就越多，得失就越多，烦恼就越多。所以，我们虽然没有般若智慧，但也可以从中吸取一点消融物欲的人生智慧。人生的安适愉悦，不完全是做加法，有时候减法更会让人快乐，让人活在相对的轻松、相对的自在之中。

心灵第二要洗的，是复杂。茫茫世间客，杂念多，烦恼多，情绪多。如果我们学一点禅家的智慧，心中简单些，眼里单纯些，心情平和些，虽然不可能空明澄澈如禅者的心境，但也可以将之作为一个努力的方向。等到你心安心平心静，自有一段空明的时候，虽然不可能明心见性心月独朗，但也会觉得自己的心意非常灵敏，生活中一出现好的东西，就能感受到；大自然中一见到好风景，就能捕捉到。人，越简单，越快乐。

76 真心本来无心，万物本来一同

原文

心无其心，何有于观？释氏曰观心者，重增其障。物本一物，何待于齐？庄生曰齐物者，自剖其同。

译解

内心空明，没有任何妄心杂念，又何必下内省观照功夫呢？佛家所说“观心”，实际上增加了见性的障碍。天地万物，本来就是一体无二，又何必让人来平等划一呢？庄子所说“齐物”，实际上割裂了万物的同一。

感悟

说此语者一副过来人派头。过来人有资格说说这话，但还在路上的人，该观心还是要观心，该齐物还是要齐物。因为娑婆世界本来就是一个欲念横飞的世界，本来就是一个分别取舍的世界，人出世后稍稍懂事，便被这个欲念横飞、分别取舍的社会不断染污并不断格式化，他的心，都是杂念，他眼中的世界，无不你我他分明、天地人分明。所以，他要真正感悟到这个世界的本来是清净，本源是一体，就必须下很多功夫。观心，是修证佛道的方法论；齐物，是对待万物的认识论。

何谓观心？佛家认为，以反观内心来求证心之本性，谓之观心。观心的目的是明心见性。刘洙源居士《佛法要领》解释“观心”：“观心之法是先休心息念，须将六尘万缘一概放下，善事恶事都不思量，过去未来一概不想，直观当下念头，憧憧往来起灭不停，勿执着他，勿随遂他，勿断除他，只管细细静看。妄念起时，一看不知去向，旋又复起，仍如是看。若念不起，只看着，久久纯熟，看到一念不生，即与般若相应。”佛家修佛与道家修道，方法有差异，本质上并没有什么差别。在道家寺观，有一部常要念诵的经，叫《太上老君说常清静经》，是道家修心要诀，篇幅不长，可与佛家“观心”互相印证：

老君曰，大道无形，生育天地。大道无情，运行日月。大道无名，长养万物。吾不知其名，强名曰道。夫道者，有清有浊，有动有静。天清地浊，天动地静。男清女浊，男动女静。降本流末，而生万物。清者浊之源，静者动之基。人能常清静，天地悉皆归。夫人神好清，而心扰之；人心好静，而欲牵之。常能遣其欲，而心自静；澄其心，而神自清。自然六欲不生，三毒消灭。所以不能者，为心未澄，欲未遣也。能遣之者，内观其心，心无其心。外观其形，形无其形。远观其物，物无其物。三者既悟，唯见于空。观空亦空，空无所空。所空既无，无无亦无。无无既无，湛然常寂。寂无所寂，欲岂能生？欲既不生，即是真静。真常应物，真常得性。常应常静，常清静矣。如此清静，渐入真道。既入真道，名为得道。虽名得道，实无所得。为化众生，名为得道。能悟之者，可传圣道。

译解一下：大道没有形象，天地却因之而化育；大道无悲无喜，日月因之而得以运行；大道没有名称，万物因之得以长养。我不知其以何为名，勉强命名为“道”。道有清浊动静之分：天为清，地为浊，天为动，地为静；男为清，女为浊，男为动，女为静。从“道”这个本源向下流放变化，从而生成天地万物。清是浊的本源，静是动的根基。人能常清常静，自然合于天地本源。吾人元神，本来清纯，可是往往被妄念搅扰；吾人本心，原来贞静，可是往往被欲望牵缠。人若经常涤除自己的欲望，自然本心贞静；人若经常澄清自己的心念，自然元神清纯，自然能够去掉“六欲”“三毒”。之所以不能降服“六欲”“三毒”，就是因为妄念未能澄清、欲望未能遣除。能够遣欲澄心的人，往内观看自己的本心，本心归于虚无；往外观看自己的形体，形体归于虚无；往远观看周围的物象，物象归于虚无。明白了内在本心、外在形体和周围物象三者的虚无状态，则一切皆归于空空洞洞。以空空洞洞进一步观之，则空空洞洞亦无形象可言，仍是空空洞洞，而归于虚无；空空洞洞既归于虚无，虚无亦归于虚无；虚无既归于虚无，则吾人本心元神湛然澄澈，常处清寂。澄澈清寂而不滞于澄澈清寂，欲望岂能产生？欲望不能产生，自然就是真正的清静。用真正的清静心去应和万物，而能依然保持清静，

则谓之“真常”。如此真常，则自然保持清静本性。以真常应和万物而清静不改，自然就是常清常静了。如此常清常静，渐渐合于真道。既然合于真道，即可名为得道。虽然名为得道，其实并未得到什么。但是为了教化众生，所以名为得道。能够领悟这一道理的人，即可以传授圣道。

何谓齐物？庄子说：“天地与我并生，万物与我为一。”又说：“自其异者视之，肝胆楚越也；自其同者视之，万物皆一也。”世界上的事物看起来千差万别，但庄子以道眼观之，却认为物我同一、物我平等。在他看来，道是本源，万物皆出于道这个母体，万物之间都有道的因子，所以在本质上是同为一体的。由此生发开来，人应超越事物的是非、彼此、成毁、贵贱、生死界限，消除世上的一切差别和对立，由此方可与道合一，与天地万物融为一体。《菜根谭》也说：“天地中万物，人伦中万情，世界中万事，以俗眼观，纷纷各异，以道眼观，种种是常，何须分别，何须取舍。”

确实，对得道高人来说，心本无心，有何可观？物本一物，何须齐物？你要去观心，岂不是多此一举，徒然增加一层“心障”。你要去齐物，岂不是先要原本是整体的一个物分割开来。在这里，菜根谭主的立意，还是《金刚经》的立意，就是破除一切分别，破除一切人我，破除一切观念，破除一切执着，边说边破，到了破无可破、言语道断的时候，那个所追求的东西才会豁然显现。也就是说，你在观心的时候，千万不要执着于一个“观”字，总觉得自己在“观”，那就还有个“主观”在，“主观”不舍弃，就无法消除与客观的对立，主客观就无法融为一体，合而为一；你在齐物的时候，千万不要总执着于一个“齐”字，执着于“齐”，就证明事物还有差别，眼中的事物无有差别，何待于齐？

77 庄生梦蝶，银碗盛雪

原文

耳根似飙谷投响，过而不留，则是非俱谢；心境如月池浸色，空而不着，则物我两忘。

鱼得水游而相忘乎水，鸟乘风飞而不知有风，识此可以超物累，可以乐天机。

译解

耳边若风在山谷呼啸，过后不留声响，那么是非就会消逝得无影无踪；心境若月色浸润池塘，空灵不着痕迹，那么主体与客体就会两两相忘。

鱼在水中畅游而能忘记水的存在，鸟乘风飞行而可以不知风的存在。认识到这一点，就可以超越外物牵累，乐享自在逍遥之趣。

感悟

先从庄生梦蝶说起。《庄子·齐物论》云："昔者庄周梦为蝴蝶，栩栩然蝴蝶也。自喻适志与！不知周也。俄然觉，则蘧蘧然周也。不知周之梦为蝴蝶与？蝴蝶之梦为周与？周与蝴蝶，则必有分矣。此之谓物化。”

庄子认为，一切事物之间的差别都是相对的。因为宇宙万象、天地万物都是由“道”变化而来，表象上虽然有差别，但本质上是同一的。所以人与我、物与我之间的差别就没必要太当真，就像庄兄梦到蝴蝶飞呀飞，究竟是庄兄梦到蝴蝶，还是蝴蝶梦到庄兄，其实无须分得太清爽。圣人之所以为圣人，就是因为他们能够齐同万物，消解对立，泯除差别，任运自然，随物而化。这也就是所谓“物化”境界。说到底，物化，就是物我两忘，天人合一。

月光浸润池塘，澄明的水和澄明的月融为一体，分不清何者是月色何者是水色，这是物我两忘的境界；鱼得水游而相忘乎水，鸟乘风飞而不知有风，这是物我两忘之境界。“物我两忘”是中国哲学的最高境界。老庄讲心斋坐忘，佛家讲参禅悟道，儒家讲修身养性，都是要追求这个境界，只有在这个境界中，他们各自所追求的道也好，佛也好，理性良知也好，才能洞然显现。

“心斋坐忘”是物我两忘之境。心斋，就是使心境虚静纯一；坐忘，就是通过“心斋”达到物我两忘，并进而证得大道。庄子通过女偊之口描述了这个过程：持守三天，就能遗忘天下；遗忘天下了，继续持守，七天后就能遗忘外物；遗忘外物了，继续持守，九天以后就能遗忘生命；遗忘生命了，内心透彻通达，犹如阳光彻照一般；已经透彻通达了，就能洞见一个整体；把握了这个整体，就能超越时空，没有今古之分；没有今古之分，就能进入不生不灭的境界。不生不灭，亦即与“道”合一，获得永恒。

禅境，是物我两忘之境。禅的境界，就是泯除了拣择，消解了自他，融汇了生死，打通了凡圣，圆融了空有，主客体之间，相容相即，浑然一体，妙合无垠。银碗里盛雪，你分得清何者是雪，何者是银碗？白马入芦花，你分得清何者是白马，何者是芦花？空里流霜不觉飞，汀上白沙看不见，你分得清何是清霜，何是月色，何是月色，何是汀沙？人顿悟的那一刹那，在无差别境中合刹那于终古，不来不去，无生无灭，生与死，就在这里得到超越。宋代法常禅师入寂之前，书《渔家傲》于室门：

此事楞严尝露布，梅花雪月交光处。一笑寥寥空万古。风瓯语，迥然银汉横天宇。

蝶梦南华方栩栩，斑斑谁跨丰干虎？而今忘却来时路。江山暮，天涯目送鸿飞去。

梅花雪月，一派纯白，三者交光互映，是澄明的至境，是无差别之境，是物我两忘之境。渺渺银河，横亘天宇，个体生命与宇宙本源合而为一。参透生死的达人，对肉身的寂灭付诸一笑。生命如同蝶梦，蝶化人，人化蝶，本无二致。鸿飞冥冥，是一念灵知冲破肉身缠裹，翱翔于自在的大道星空。生命之逝，犹雁过寒潭，留下的是亘古的澄明。

艺术的化境也是物我两忘之境。宗白华先生说：“艺术心灵的诞生，在人生忘我的一刹那，即美学上所谓‘静照’，静照的起点在于空诸一切，心无挂碍，和世务暂时绝缘，这时一点觉心静观万象，万象如在镜中，光明莹洁，而各得其所，呈现着他们各自的充实的、内在的、自由的生命。”苏东坡写文与可：“与可画竹时，见竹不见人。岂独不见人，嗒然遗其身。”文与可画竹，身与物化，物我两忘，心竹合一，所以画出来的竹子，形神俱备。中国山水诗的最高审美境界“澄怀观道，静照忘求”，本质也是物我两忘。物我两忘，往往是评判诗境高下的标准。这种标准，王国维称之“无我之境”，比如谢灵运诗：“池塘生春草，园柳变鸣禽”；比如王维诗：“木末芙蓉花，山中发红萼。涧户寂无人，纷纷开且落”。

人间各行各业的技艺，也要通过物我两忘来臻于化境。庖丁解牛，不以目视，而以神遇。日本剑道中有“人剑合一”之说，就是忘掉自己，忘掉手中的剑，让自我与剑合为一体，人就是剑，剑就是人，人剑合一，达到了这个境界，剑术就能无敌于天下。据说韩国射箭手通过禅修来提升箭艺，箭手在禅定的刹那，心境澄明，物我两忘，那么靶心目标就会在眼中放大而无比清晰，弓弦无心一放，箭无虚发。

为人处世的高明境界，其实也是“物我两忘”。人之于世，不要把自我和他人对立起来，不要把自我和环境对立起来，不要太执着利益得失是非恩怨，该忘记的就要忘记，该放下的就要放下，就像黄霑的歌词所写的那样：往日意，今日痴，他朝两忘烟水里。就像菜根所说的那样，是非得失过眼则空，过耳则逝，就好比山谷中狂风呼啸，发出巨大的声响，但风过之后，一派宁静，什么声音也没有。如此，人就容易与外在环境融为一体，就不容易起纠葛纷争，就会活得更轻松一点，更自在一点。人，不要总把自己当成高人，超人，贵人，聪明人。人人都是造化之子，人人都具灵性，何必装腔作势。不如和光同尘，物我两忘，自在逍遥于烟雨楼台万丈红尘之中，若得山花插满头，莫问奴归处。

78 能打架则欢喜，至于输赢，倒在其次

原文

神锯木断，水滴石穿，学道者须加力索；水到渠成，瓜熟蒂落，得道者一任天机。

译解

绳锯木断，水滴石穿，学道者定要努力用功；

水到渠成，瓜熟蒂落，得道者无非顺其自然。

感悟

天下事，只管耕耘，莫总是追索结果。功夫到了的时候，结果自然而然地来了。若要执着了结果，这个执着便是障碍，反而影响结果的到来。这条菜根的寓意，就是人生要努力进取，但也要以顺其自然的心态看待结果，该来的自然会来，该得的自然会得。但该来的不来，该得的不得，你也没有办法。

中国式的“得道”，不管是学禅、学诗、学画，学武，还是学别的手艺，都强调一个悟性。而这个悟性，强调要在“无

心”之间，“无求”之际，它老人家才会施施然破门而来。但强调无心无求之得，绝对不是让你坐在那里空等，而是要求你多下功夫，下大功夫，下苦功夫。下了功夫而又保持无求无得之心，方有得道的可能。而不下功夫，那是绝对不可能得道的。所以，人之于事，找到方向之后，就要努力耕耘，踏实去做，不急躁，不取巧，目的性不能太强。人生就是这样吊诡，你费尽心思，绞尽脑汁甚至拼了老命，偏偏什么都追求不到。而有些人生性朴厚，野心不大，阴错阳差，却偏偏诸事亨通如意。我们看金庸小说《天龙八部》，像鸠摩智、慕容复这类处心积虑地要达目的的人，但就达不到目的，而像段誉、虚竹这些善良、迂腐的浑人，却反而修成绝世武功，一统江湖。

有联云：苦心人天不负，百二秦关终属楚；有志者，事竟成，三千越甲可吞吴。这联强调两点：一是要有志向，二是要努力。言下之意是，有志加努力，就一定成功。可真正的现实，却并非如此。比如，古代科举考试，有志于夺状元的有多少？但中状元的有几个？非但中状元的寥若晨星，就算是进士、举人也少得可怜。余秋雨统计中国历史上有十万进士，可历史上有志于中进士、一辈子皓首穷经的人不下于百万、千万吧？也不能说没中的人的水平就差于中的人，也不能说没中的人的用功不如中的人。再比如，古往今来出家的和尚千千万万，但真正能够悟道的有几人？当年，这些出家之人，大都是抱有极大的愿力出家的。所以，这副联语，充其量只是励志语而已。

人生充满不确定因素。所以，人之于事，只管用心去做，至于收获，则一看努力，二看本领，三看运气，四看天意。如果付出了努力，但运气不够，本领不足，老天爷不给面子，那也只好认了。有句话说，胜固欣然，败亦可喜。《天龙八部》中，慕容复四大家臣之一风波恶，平生最大的喜好，就是与人打架，只要有架打，那就比什么都欢喜，至于打赢打输，倒在其次。而四大恶人之南海鳄神，则特别在乎排名第二、第三这个名头，为了这个名头，行事不免颠三倒四，徒留笑柄。

图书在版编目（CIP）数据

雨余山色：洗心涤尘菜根谭 / 廖晓明著 . —南昌：江西人民出版社，2017.7
（感悟菜根谭系列）
ISBN 978-7-210-08894-3

Ⅰ . ①雨… Ⅱ . ①廖… Ⅲ . ①个人—修养—中国—明代②《菜根谭》—研究 Ⅳ . ① B825

中国版本图书馆 CIP 数据核字（2016）第 269701 号

雨余山色：洗心涤尘菜根谭 廖晓明 著

责任编辑：陈 骥 杜庆凤
出 版：江西人民出版社
发 行：各地新华书店
地 址：江西省南昌市三经路 47 号附 1 号
编辑部电话：0791-88670587
发行部电话：0791-86898815
邮 编：330006
网 址：www.jxpph.com
E-mail：jxpph@tom.com web@jxpph.com
2017 年 7 月第 1 版 2017 年 7 月第 1 次印刷
开 本：787 毫米 ×1092 毫米 1/16 印张：18.25
字 数：240 千字
赣版权登字—01—2016—844
ISBN 978-7-210-08894-3
定 价：42.00 元
承 印 厂：深圳市精彩印联合印务有限公司